C51单片机
原理及应用

李　珉　郭锐强　孙冰寒◎主编

电子科技大学出版社
University of Electronic Science and Technology of China Press

·成都·

图书在版编目（CIP）数据

C51单片机原理及应用 / 李珉，郭锐强，孙冰寒主编.
成都：成都电子科大出版社，2025.5. -- ISBN 978-7-
5770-1344-2

Ⅰ.TP368.1

中国国家版本馆CIP数据核字第2025BE1248号

C51单片机原理及应用
C51 DANPIANJI YUANLI JI YINGYONG

李　珉　郭锐强　孙冰寒　主编

策划编辑　于　兰
责任编辑　雷晓丽
责任校对　李雨纾
责任印制　梁　硕

出版发行　电子科技大学出版社
　　　　　成都市一环路东一段159号电子信息产业大厦九楼　邮编　610051
主　　页　www.uestcp.com.cn
服务电话　028-83203399
邮购电话　028-83201495

印　　刷　成都市火炬印务有限公司
成品尺寸　185 mm×260 mm
印　　张　10.75
字　　数　289千字
版　　次　2025年5月第1版
印　　次　2025年5月第1次印刷
书　　号　ISBN 978-7-5770-1344-2
定　　价　58.00元

前　　言

随着科学技术的迅速发展，单片机从一开始的 8 位单片机发展到 16 位单片机、32 位单片机等诸多系列，其中 51 系列单片机因灵活方便、价格便宜等优点，已经发展成具有上百个品种的大家族。目前，51 系列单片机是应用最广泛的单片机之一，是大学里电子、自动化及其他相关专业的必修科目。在单片机教学中，程序设计主要以 C 语言为主，辅以汇编语言。采用 C 语言编程时，编程人员不必对单片机和硬件接口的结构有很深入的了解，编译器可以自动完成变量存储单元的分配，只需要掌握应用软件部分的设计，就可加快软件的开发速度。

本书主要以 C 语言为基础对单片机进行分析与研究，一共分为八章。首先，阐述了单片机的基础知识和单片机学习应具备的预备知识；其次，阐述了单片机的硬件结构，以 51 系列单片机为例介绍了单片机的内部结构、引脚功能、工作模式等；再次，结合 51 系列单片机的基础知识，对单片机的显示接口技术、中断系统、定时 / 计数器技术、串行接口等内容进行了分析与阐述；最后，探讨了单片机 C 语言编程语法的核心内容，对 C 语言与汇编语言进行了比较，详细阐述了 C51 与标准 C 语言的差异，并列举了常用的 C51 库函数。本书基于对单片机程序有一定了解的前提下，阐述了如何进行单片机程序设计并举例说明，可以作为专业教材的辅助用书。

由于编者水平有限，书中难免存在疏漏，敬请广大读者批评指正。

编　者
2025 年 3 月

目　　录

第一章　单片机概述

第一节　单片机基础知识概述

一、单片机及其发展概况

(一) 什么是单片机

单片机是在一块半导体硅片上集成了计算机基本功能部件的微型计算机。随着大规模集成电路技术的发展，可以将中央处理器 (CPU)、数据存储器 (RAM)、程序存储器 (ROM)、定时 / 计数器和输入 / 输出 (I / O) 接口电路等主要计算机部件，集成在一块电路芯片上。虽然只是一个芯片，但从组成和功能上，单片机都已具有了微机系统的基本含义。单片机自从问世以来，性能都在不断提高和完善，它不仅能够满足很多应用场合的需要，而且具有集成度高、功能强、速度快、体积小、使用方便、性能可靠、价格低廉等特点。因此，在工业控制、智能仪器仪表、数据采集和处理、通信、智能接口、商业营销等领域得到了广泛应用，并且正在逐步取代现有的多片微机应用系统。

(二) 单片机的发展概况

单片机诞生于20世纪70年代，大体经历了SCM、MCU和SoC三大阶段。

SCM (single chip microcomputer)，即单片微型计算机阶段，其主要的技术发展方向为寻求最佳单片形态的嵌入式系统体系结构。在开创嵌入式系统的发展道路上，英特尔公司奠定了SCM与通用微机完全不同的发展道路。这一阶段最具代表性的产品是英特尔公司的8位MCS-51系列单片机。

MCU (micro controller unit)，即微控制器阶段，其主要的技术发展方向为不断推进在嵌入式系统集成各种外围电路与接口电路的能力，以满足智能化控制的需求。在此阶段，Philips公司以其在嵌入式应用方面的强大实力，推出了基于MCS-51内核的微控制器系列产品，使单片机进入MCU阶段。

SoC (system on chip)，即片上系统 (或系统级芯片) 阶段，其主要的技术发展方向为寻求应用系统在芯片上的最大化解决方案。作为产品，SoC是一个有专用目标的集成电路，包含完整系统并有嵌入软件的全部内容。作为技术，SoC是用以实现从确定系统功能开始，到软 / 硬件划分，并完成设计的整个过程。随着单片机从早期的4位发展到8位、16位直至32位，单片机的功能在不断增强，嵌入式应用能力也在不断提高。然而，由于复杂系统的功能大都可以通过简单嵌入式系统组合实现，而8位单片机以其价格低廉性能适中的特点，已可满足简单嵌入式系统的要求。这表明，嵌入式应用领域中大量需要的仍是8位单片机，在当前及以后相当长的一段时间内8位单片机仍将可能占据单片机应用的主导地位。

二、单片机的特点和应用领域

一块单片机芯片就是一台具有一定规模的微型计算机，如有必要再加上一些外围器件，就可以构成一个完整的计算机硬件系统。单片机的应用正在使传统的控制技术发生巨大的变化，它是对传统控制技术的一场革命。

（一）单片机的特点

（1）集成度高，体积小，抗干扰能力强，可靠性高。单片机把各功能部件集成在一块芯片内且内部采用总线结构，从而减少了芯片之间的连线数量，大大提高了单片机的可靠性与抗干扰能力。

（2）开发性能好，开发周期短，控制功能强。在开发过程中利用汇编或C语言进行编程，缩短了开发周期。同时，单片机的逻辑控制功能及运行速度均高于同一档次的微型计算机，可满足工业控制的要求。

（3）低功耗、低电压，具备掉电保护功能，广泛应用于各类智能仪器仪表中。

（4）通用性和灵活性好。系统扩展和配置较典型、规范，容易构成各种规模的应用系统。

（5）具有良好的性价比。

（二）单片机的应用领域

单片机是一种集成度很高的微型计算机，在一块小芯片内就集成了一台计算机所具备的功能。与大体积和高成本的通用计算机相比，单片机以其体积小、结构紧凑、高可靠性以及高抗干扰能力和高性价比等特点，广泛应用于人们生产生活的各个领域，成为现代电子系统中最重要的智能化工具。它主要应用于以下领域。

（1）工业自动化控制。包括工业过程控制、过程监测、工业控制器及机电一体化控制系统等。这些系统除一些小型工控机之外，许多都是以单片机为核心的单机或多机网络系统，例如，工业机器人的控制系统是由中央控制器、感觉系统、行走系统、抓取系统等结点构成的多机网络系统。在这种集机械、微电子和计算机技术为一体的综合技术中，单片机发挥着非常重要的作用。

（2）智能仪器仪表。单片机广泛应用于各种仪器仪表中，使仪器仪表智能化，并可以提高测量的自动化程度和精度，大大促进仪器仪表向数字化、智能化、多功能化、综合化和柔性化方向发展，提高其性价比。

（3）通信设备。单片机具有很强的多机通信能力，如多机系统（各种网络）中的各计算机之间的通信联系、计算机与其外围设备（键盘、打印机、传真机及复印机等）之间的协作都有单片机的参与。另外，随着Internet技术的发展，对于一些将单片机作为测控核心的智能装置或家用电器，如果将它们与Internet连接起来进行网络通信，则既能使人们充分利用现有的Internet技术和资源，又能远程获得这些电子设备的信息并控制它们的运行。

（4）汽车电子与航空航天电子系统。通常这些系统中的集中显示系统、动力监测控制系统、自动驾驶系统、通信系统及运行监视器等，都是将单片机嵌入其中实现系统功能。

（5）家用电器。单片机应用到消费类产品中，能大大提高它们的性价比，提高产品在市场上的竞争力。目前家用电器几乎都是单片机控制的产品，如空调、冰箱、洗衣机、微波炉、电视、音响等。

单片机的应用从根本上改变了传统控制系统的设计思想和设计方法。过去必须用模拟电路、数字电路及继电器控制电路实现的大部分功能，现在已能用单片机并通过软件方法实现。软件技术的飞速发展和各种软件系列产品的大量涌现，极大地简化了硬件电路。这种以软件取代硬件并能提高系统性能的控制技术，称为微控制技术。微控制技术标志着一种全新概念的出现，是对传统控制技术的一次革命。

三、单片机的发展趋势

单片机的发展趋势主要包括多功能、高速度、低功耗、高性价比等方面。

（1）多功能。单片机会将各种功能的I/O口和一些典型的外围电路集成在芯片内，使其功能更加强大。

（2）高速度。单片机从单CPU向多CPU方向发展，因而具有了并行处理的能力，如Rockwell公司的单片机6500/21和R65C29采用了双CPU结构，其中每个CPU都是增强型的6502。为了提高速度和执行效率，在单片机中开始使用RISC、流水线和DSP等设计技术，因而具有极高的运算速度。这类单片机的运算速度要比标准的单片机高出10倍以上，适合进行数字信号处理，如德州仪器公司的TMS320系列信号处理单片机和NEC公司的μPD-7720系列单片机等。

（3）低功耗。目前，市场上有一半以上的单片机产品已采用CHMOS工艺，这类单片机具有功耗小的优点，许多单片机已可以在2.2 V电压下运行，有的能在1.2 V或0.9 V的低电压下工作，功耗μW级。

（4）高性价比。随着单片机的应用越来越广泛，各单片机厂家会进一步改进单片机的性能，从而增强产品的竞争力。同时，价格也是各厂家竞争的一个重要方面。所以，更高性价比的单片机会逐渐进入市场。

第二节 单片机学习的预备知识

与通用数字计算机一样，单片机也采用二进制数工作原理，学习者也需具备必要的数制转换和逻辑关系等基础知识。为此，本节仅从单片机学习需要的角度出发，对二进制数和逻辑门关系进行简单介绍，以便为未具备这些知识的读者补充预备知识。

一、数制及其转换

（一）数制

计算机中表达整数的常用数制有以下几种。

（1）十进制数，N_D。

数集：0、1、2、3、4、5、6、7、8、9；

规则：逢十进一；

表示：十进制数的后缀为D且可省略；

计算：十进制数可用加权展开式表示。

例1-1：

$$1234 = 1 \times 10^3 + 2 \times 10^2 + 3 \times 10^1 + 4 \times 10^0$$

其中，10为基数，10的幂次方称为十进制数的加权数。其一般表达式为

$$N_D = d_{n-1} \cdot 10^{n-1} + d_{n-2} \cdot 10^{n-2} + \cdots + d_1 \cdot 10^1 + d_0 \cdot 10^0$$

（2）二进制数，N_B。

数集：0、1；

规则：逢二进一；

表示：二进制数的后缀为B且不可省略；

计算：二进制数可用加权展开式表示。

例1-2：

$$1101B = 1 \times 2^3 + 1 \times 22 + 0 \times 2^1 + 1 \times 20$$

其中，2为基数，2的幂次方称为二进制数的加权数。其一般表达式为

$$N_B = b_{n-1} \cdot 2^{n-1} + b_{n-2} \cdot 2^{n-2} + \cdots b_1 \cdot 2^1 + b_0 \cdot 2^0$$

（3）十六进制数，N_H。

数集：0～9、A～F；

规则：逢十六进一；

表示：十六进制数的后缀为H且不可省略；

计算：十六进制数可用加权展开式表示。

例1-3：

$$DFC8H = 13 \times 16^3 + 15 \times 16^2 + 12 \times 16^1 + 8 \times 16^0$$

其中，16为基数，16的幂次方称为十六进制数的加权数。其一般表达式为

$$N_H = h_{n-1} \cdot 16^{n-1} + h_{n-2} \cdot 16^{n-2} + \cdots + h_1 \cdot 16^1 + h_0 \cdot 16^0$$

注意： C51编程语言中是用前缀0x表示十六进制数的（习惯上用小写字母）。如普通十六进制数DFC8H，在C51语言中是用0xdfc8表示的。

（二）数制之间的转换

（1）二进制数、十六进制数转换成十进制数。

方法是按进制的加权展开式展开，然后按照十进制数运算求和。

例1-4：

$$1011B=1\times2^3+1\times2^1+1\times2^0=11$$

$$DFC8H=13\times16^3+15\times16^2+12\times16^1+8\times16^0=57\ 288$$

（2）二进制数与十六进制数之间的转换。

因为 $2^4=16$，所以从低位起，从右到左，每4位（最后一组不足时左边添0凑齐4位）二进制数对应一位十六进制数。

例1-5：

$$3AF2H=\underset{3}{\underline{0011}}\,\underset{A}{\underline{1010}}\,\underset{F}{\underline{1111}}\,\underset{2}{\underline{0010}}=11101011110010B$$

$$1111101B=\underset{7}{\underline{0111}}\,\underset{D}{\underline{1101}}=7DH$$

因为二进制数与十六进制数之间的转换特别简单，且十六进制数书写时要简单得多，所以在书中及进行汇编语言编程时，都会用十六进制数来代替二进制数进行书写。

（3）十进制整数转换成二进制整数、十六进制整数。

转换规则：除基取余。十进制整数不断除以转换进制基数，直至商为0。每除一次取一个余数，从低位排向高位。

例1-6：十进制整数转换成二进制整数、十六进制整数如图1-1所示。

图1-1　十进制整数转换成二进制整数、十六进制整数

二、有符号数的表示方法

实用数据有正数和负数之分，在计算机里是用一位二进制数来区分的，即以0代表符号"+"，以1代表符号"-"。通常这位数放在二进制数里的最高位，称为符号位，符号位后面为数值部分。这种二进制形式的数称为有符号数。

有符号数对应的真实数值称为真值。因为符号位占了一位，故它的形式值不一定等于其真值。如有符号数01111011B（形式值为123）的真值为+123，但有符号数11111011B（形式值为251）的真值却为-123。有符号数具有原码、反码和补码3种表示法。

（一）原码

原码是有符号数的原始表示法，即最高位为符号位，0表示正，1表示负，其余位为数

值部分。8 位二进制原码的表示范围为 11111111B～01111111B（–127～+127）。其中，原码 00000000B 与 10000000B 的数值部分相同但符号位相反，它们分别表示+0 和–0。

（二）反码

正数的反码与其原码相同；负数的反码为符号位不变，原码的数值部分各位取反。例如，原码 00000100B 的反码仍为 00000100B，而原码 10000100B 的反码为 11111011B。+0 和–0 的反码分别为 00000000B 和 11111111B。

（三）补码

正数的补码与其原码相同；负数的补码为符号位不变，原码的数值部分各位取反，末位加 1（即反码加 1）。如原码 00000100B 的补码仍为 00000100B，而原码 10000100B 的补码为 11111100B。负数的补码还可通过"模"计算得到，即负数 X 的补码等于模与 X 绝对值的差值：

$$[X]_{补}=模-|X|$$

其中，模是指一个计量系统的计数范围，是计量器产生"溢出"的量。如时钟的计量范围为 0～11，模为 12，所以 4 点与 8 点互为补码关系。同理，8 位二进制数的模为 $2^8=256$，因而–4 的补码为

$$[-4]_{补}=256-4=252=11111100B$$

根据补码计算规则，+0 和–0 的补码都为 00000000B。为了充分利用计算资源，人为规定：+0 的补码代表 0，–0 的补码代表–128。故 8 位二进制补码的表示范围为 10000000B～01111111B（–128～+127）。

总之，正数的原码、反码和补码都是相同的，而负数的原码、反码和补码各有不同。当有符号数用补码表示时，可以把减法运算转换为加法运算。

例 1-7：

$$123-125=[123]_{补}+[-125]_{补}$$

用补码计算：01111011B+10000011B=11111110B–10000010B（–2）

补码运算的结果仍为补码，故结果还需要再求补才能得到原码结果。

由于减法可转为加法运算，CPU 中便无须设置硬件减法器，从而可简化其硬件结构。若上述二进制数中的最高位不是作为符号位，而是作为数值位，则称为无符号数。8 位无符号二进制数的表示范围为 00000000B～11111111B（0～255）。

三、位、字节和字

（一）位（bit）

位（bit）表示二进制数中的 1 位，是计算机内部数据存储的最小单位。1 个二进制位只可以表示 0 和 1 两种状态。

（二）字节（byte）

字节（byte）是计算机数据处理的基本单位，1 字节由 8 个二进制位构成（1 byte=8 bit）。

（1）可以用大写字母 B 作为汉字"字节"的代用词，如"256字节"可以表示为"256 B"。但要注意不可与二进制数的表示相混淆。如不应将二进制数"1010B"理解为"1010 字节"。

（2）千字节的表示为"KB"，1 KB=1024 B。如 64 KB=1024 B×64=65 536 B。

（3）有时还会用到半字节（nibble）概念，半字节是4位一组的数据类型，它由4个二进制位构成。如在BCD码中常用半字节表示1位十进制数。

（三）字（word）

计算机一次存取、加工和传送的数据长度称为字（word），不同计算机的字的长度是不同的。如：80286微机的字由2字节组成，字长为16；80486微机的字由4字节组成，字长为32；MCS-51系列单片机的字由单字节组成，字长为8。

四、BCD码

计算机中的数据处理都是以二进制数运算法则进行的。但由于二进制数对操作人员来说不直观，易出错，因此在计算机的输入、输出环节，最好能以十进制数形式进行操作。由于十进制数有0～9共10个数码，因此，至少需要4位二进制码来表示1位十进制数。这种以二进制码表示的十进制数称为BCD码，也称"二进码十进数"或"二／十进制代码"。由于4位二进制码共有 2^4=16 种组合关系，任选10种来表示10个十进制数，则编码方案将有数千种之多。目前最常用的是按8421规则组合的BCD码，见表1-1所列。

表1-1　8421规则组合的BCD码

十进制数	BCD码	二进制数
0	0000B	0000B
1	0001B	0001B
2	0010B	0010B
3	0011B	0011B
4	0100B	0100B
5	0101B	0101B
6	0110B	0110B
7	0111B	0111B
8	1000B	1000B
9	1001B	1001B
10	无意义	1010B
11	无意义	1011B
12	无意义	1100B
13	无意义	1101B
14	无意义	1110B

可以看出，8421BCD码和4位自然二进制数相似，由高到低各位的权值分别为8、4、2、1，但它只选用了4位二进制码中的前10组代码，即用0000B～1001B分别代表它所对应的十进制数，余下的6组代码不用。由于用4位二进制代码表示十进制的1位数，故1字节可以表示2个十进制数，这种BCD码称为压缩的BCD码，如10000111表示十进制数的87。也可以用1字节只表示1位十进制数，这种BCD码称为非压缩的BCD码，如00000111表示十进制数的7。

五、ASCII码

由于计算机中使用的是二进制数，因此计算机中使用的字母、字符也要用特定的二进制数表示。目前普遍采用的是ASCII码（American standard code for information interchange，美国信息交换标准码）。它采用7位二进制编码表示128个字符，其中包括数字0～9及英文字母等可打印的字符，见表1-2所列。在计算机中一个字节可以表示一个英文字母。如从表1-2中可以查到6的ASCII码为36H，R的ASCII码为52H。

表1-2　ASCII码表

行	列 / 位 654 3210	0 000	1 001	2 010	3 011	4 100	5 101	6 110	7 111
0	0000	NUL	DLE	SP	0	@	P	`	p
1	0001	SOH	DC1	!	1	A	Q	a	q
2	0010	STX	DC2	"	2	B	R	b	r
3	0011	ETX	DC3	#	3	C	S	c	s
4	0100	EOT	DC4	$	4	D	T	d	t
5	0101	ENQ	NAK	%	5	E	U	e	u
6	0110	ACK	SYN	&	6	F	V	f	v
7	0111	BEL	ETB	,	7	G	W	g	w
8	1000	BS	CAN	(	8	H	X	h	x
9	1001	HT	EM	)	9	I	Y	i	y
A	1010	LF	SUB	*	:	J	Z	j	z
B	1011	VT	ESC	+	;	K	[	k	{
C	1100	FF	FS	,	<	L	\	l		
D	1101	CR	GS	-	=	M	]	m	}
E	1110	SO	RS	.	>	N	^	n	～
F	1111	SI	US	/	?	O	_	o	DEL

目前也有国际标准的汉字计算机编码表——汉码表，但由于单个的汉字太多，因此要用两个字节才能表示一个汉字。

六、基本逻辑门电路

计算机是由若干逻辑门电路组成的，所以计算机对人们给出的二进制数识别、运算要靠基本逻辑门电路来实现。在逻辑门电路中，输入和输出只有两种状态：高电平和低电平。我们用1和0分别来表示逻辑门电路中的高、低电平。常用基本逻辑门电路的有关信息汇总于表1-3中。

表1-3　常用基本逻辑门电路的有关信息

名称	与门	或门	非门	异或门	与非门	或非门
逻辑功能	逻辑乘运算的多端输入、单端输出	逻辑加运算的多端输入、单端输出	逻辑非运算的单端输入、单端输出	逻辑异或运算的多端输入、单端输出	逻辑与非运算的多端输入、单端输出	逻辑或非运算的多端输入、单端输出
逻辑表达式	$A \cdot B = Y$	$A + B = Y$	$\bar{A} = Y$	$A \oplus B = Y$	$\overline{A \cdot B} = Y$	$\overline{A + B} = Y$
真值表	ABY 000 010 100 111	ABY 000 011 101 111	AY 01 10	ABY 000 011 101 110	ABY 001 011 101 110	ABY 001 010 100 110
口诀	全1为1 其余为0	全0为0 其余为1	单端运算 永远取反	相同为0 相异为1	全1为0 其余为1	全0为1 其余为0
国标逻辑符号						
国际流行符号						
常用门电路	74LS08 74LS11	74LS32	74LS06 74LS07	74LS86 74LS136	74LS00 74LS10	74LS02 74LS27

第三节 51系列单片机及其主要品种

单片机自诞生以来，生产和研制的厂家在全世界已经有上百家，已发展为几百个系列的上千种型号，处理器位数从4位发展到8位、16位、32位，内部集成的功能部件也多种多样。用户选择的余地很大。根据使用情况看，8位单片机仍然是控制终端的主要机型。8位单片机主要有51、PIC和AVR三大系列，其中51系列单片机是最经典、最具代表性、最重要的8位单片机，在目前的单片机教学中广泛使用。

51系列单片机最初由英特尔公司在20世纪80年代推出，80年代中期由于英特尔公司将重点放在通用微型计算机及其产品开发上，因此后来英特尔公司将MCS-51内核使用权以专利互换或出让给世界许多著名IC制造厂商。在保持与MCS-51系列单片机兼容的基础上，这些厂商融入自身的优势，扩展了针对满足不同测控对象要求的外围电路，如满足模拟量输入的A/D，满足伺服驱动的PWM，满足高速输入/输出控制的HSI/HSO，满足串行扩展总线12C、保证程序可靠运行的WDT，引入使用方便且价廉的Flash ROM等，开发出上百种功能各异的新品种。这些厂家生产的兼容机均采用MCS-51内核，指令系统相同，采用CMOS工艺，因此，人们习惯上把这些兼容机称为51系列单片机。

一、51系列单片机的主要系列和产品

51系列单片机由很多厂家和公司生产，主要系列和产品如下。

（一）MCS-51系列单片机

MCS-51系列单片机是美国英特尔公司在1980年推出的高性能8位单片机，包含51和52两个子系列。

MCS-51子系列单片机，有8031、8051、8751三种机型，指令系统与芯片引脚完全兼容，内部都集成一个8位CPU、128字节的片内数据存储器、4个8位的并行I/O接口（P0、P1、P2和P3）、两个16位定时/计数器、1个全双工的串行I/O接口、两个优先级别的5个中断源、21字节的特殊功能寄存器。仅片内程序存储器有所不同，其中8031芯片不带ROM，8051芯片带4 KB的ROM，8751芯片带4 KB的EPROM。

MCS-51系列单片机采用HMOS和CHMOS两种半导体生产工艺。HMOS工艺为高速度、高密度、短沟道MOS工艺；CHMOS工艺为互补金属氧化物HMOS工艺，是CMOS工艺和HMOS工艺的结合，除了保持HMOS工艺高速度、高密度的特点，还具有CMOS工艺低功耗的特点，它所消耗的电流比HMOS工艺少很多。CHMOS工艺采用了空闲和掉电两种降低功耗的方式。CHMOS工艺在掉电方式时，CPU停止工作，片内RAM的数据继续保持，消耗的电流可低于10 μA；采用CHMOS工艺的器件在编号中用一个C来加以区别，如80C31、80C51等。

MCS-52子系列单片机，有8032、8052、8752三种机型。MCS-52子系列与MCS-51子系列相比大部分相同，MCS-52子系列单片机片内数据存储器增至256 B；8032芯片不带

ROM，8052 芯片带 8 KB 的 ROM，8752 芯片带 8 KB 的 EPROM；有 3 个 16 位定时／计数器；6 个中断源。

（二）AT89 系列单片机

ATMEL 公司是一家成立于 20 世纪 80 年代中期的美国半导体公司，该公司的技术优势是 Flash 存储器技术。1994 年，ATMEL 公司以 EEPROM 技术的使用权与英特尔公司的 80C51 内核技术的使用权进行交换，将自身的 Flash 存储器技术与 80C51 内核技术相结合，推出了带有 Flash 存储器的 AT89C5X、AT89S5X 系列单片机。

AT89C5X 系列单片机与 MCS-51 系列单片机完全兼容，代表产品为 AT89C51 和 AT89C52。除具有 MCS-51／52 系列的特点外，AT89C51／AT89C52 片内集成了 4 KB／8KB Flash 闪速存储器，工作频率可达 24 MHz。同时，可降至 0 Hz 的静态逻辑操作。

AT89S5X 系列是在 AT89C5X 系列之后推出的新机型，代表产品为 AT89S51 和 AT89S52。该系列在继承了 AT89C5X 系列的所有软硬件资源的前提下，做了以下方面的改进：片内集成双数据指针（DPTR），增加看门狗定时器（WDT）、在系统编程（ISP，也称"在线编程"）、串行外设接口（SPI），工作频率上限提高到 33 MHz。目前，AT89S5X 系列在实际中得到了广泛应用。

ATMEL 公司的 AT89C5X／AT89S5X 系列单片机主要产品特性见表 1-4 所列。

表 1-4　ATMEL 公司的 AT89C5X／AT89S5X 系列单片机主要产品特性

型号	片内 Flash 存储器/KB	片内数据存储器/B	工作频率/MHz	I／O 口线/位	UART/个	定时/计数	中断源/个	WDT	SPI	工作电压/V	引脚数/个
AT89C1051	1	64	24	15	1	2	3	无	无	2.7~6.0	20
AT89C2051	2	128	24	15	1	2	5	无	无	2.7~6.0	20
AT89C4051	4	128	24	15	1	2	5	无	无	2.7~6.0	20
AT89C51	4	128	24	32	1	2	5	无	无	4.0~6.0	40
AT89C52	8	256	24	32	1	3	6	无	无	4.0~6.0	40
AT89C55	20	256	33	32	1	3	6	1	无	4.0~6.0	40
AT89S2051	2	128	24	15	1	2	5	无	有	2.7~6.0	20
AT89S4051	4	128	24	15	1	2	5	无	有	2.7~6.0	20
AT89S51	4	128	33	32	1	2	6	1	有	4.0~6.0	40
AT89S52	8	256	33	32	1	3	7	1	有	4.0~6.0	40
AT89S53	12	256	24	32	1	3	7	1	无	4.0~6.0	40

表 1-4 中，AT89C1051、AT89C2051、AT89C4051、AT89S2051、AT89S4051 为精简机型，均为 20 引脚，内部资源少，体积小，价格低，工作电压更低，主要应用于那些要求不高的场合。AT89C52、AT89C55、AT89S52、AT89S53 是相应的高端机型，提高了片内程序存储器和片内数据存储器的容量，主要为那些需要大容量程序存储器和数据存储器的用户提供选择的方案。

（三）STC系列单片机

STC是深圳市宏晶科技有限公司生产的单片机系列符号。该系列单片机以8051为内核，其指令代码完全兼容传统的51系列单片机。主要包含STC10／STC11／STC12／STC15／STC89／STC90等系列。内部集成多种功能部件，不同系列各不相同。这些系列的主要功能和特点如下：内部集成高精度RC时钟电路，可选12时钟／机器周期、6时钟／机器周期或1时钟／机器周期，工作速度是传统51系列单片机的8～12倍；内部集成MAX810专用复位电路，复位可靠；集成8 KB／16 KB／24 KB／32 KB／40 KB／48 KB／56 KB／60 KB／61 KB的Flash程序存储器，擦写次数为10万次以上；片内集成最大2048字节的数据存储器；4种模式通用I／O接口；最多6个16位定时器，3个16位可重载定时器T0、T1、T2，可实现时钟输出；两个完全独立的通用异步接收发送设备（universal asynchronous receiver／transmitter，UART）；多通道捕获／比较单元（CCP／PCA／PWM）输出，可用来实现多路DAC、定时器或外部中断；高速10位ADC，速度可达每秒30万次；内部带硬件看门狗定时器（WDT）；集成一个SPI同步高速串行通信接口；内部带ISP／IAP（在系统编程／在应用编程），无须编程器／仿真器，可远程升级；宽工作电压，即2.4～5.5 V，宽温度范围，即–40～+85 ℃。

STC系列单片机具有低功耗、宽工作电压、高抗静电、超强抗干扰、超级加密和超低价格等特点，成为广大单片机应用者喜爱的单片机系列之一。

（四）SST89系列单片机

SST89系列单片机是美国SST公司推出的高可靠、小扇区结构的MCS-51内核单片机。所有产品均带IAP（在应用可编程）和ISP（在系统可编程）功能，不占用用户资源。通过串行接口即可在系统仿真和编程，无须专用仿真开发设备，3～5 V工作电压，价格低，在市场竞争中占有较强的优势。

SST89系列的Flash存储器使用SST专有的专利技术，擦写次数可达1万次以上。片内Flash存储器分为两个独立的程序存储块。主存储块大小为64 KB／32 KB，从存储块大小为8 KB。从存储块8 KB可以映射到64 KB／32 KB地址空间的最低位位置，也可被程序计数器隐藏，映射到数据空间，作为一个独立的EEPROM数据存储器使用。

SST单片机有一个比较好的地方在于其SoftICE在线仿真功能，只需占用串口即可实现实时在线仿真功能，同时还可以实现ISP在线编程功能。部分SST89系列单片机具有仿真监控程序，该仿真监控程序被固化到单片机内部，从存储块中就可以实现仿真功能，因此用一颗SST89系列单片机加上串口电平转换电路就可以做成一个51系列单片机的仿真器。

（五）C8051F系列单片机

Silicon Labs公司推出了C8051F系列单片机，基于增强的CIP-51内核，其指令集与MCS-51系列单片机完全兼容，具有标准8051的组织架构，可以使用标准的803x／805x汇编器和编译器进行软件开发。CIP-51采用流水线结构，70%的指令执行时间为1或2个系统时钟周期，是标准8051指令执行速度的12倍；其峰值执行速度可达100 MIPS（C8051F120

等），是目前世界上速度较快的8位单片机。

（六）W77系列、W78系列单片机

华邦电子股份有限公司生产的W77系列、W78系列单片机既与51系列单片机兼容，又独具特色。它对51系列单片机的时序进行了改进，每个指令周期只需要4个时钟周期，速度提高了3倍，工作频率最高可达40 MHz。

W78系列为基本型，W77系列为增强型，片内增加了看门狗定时器（WDT）、两组UART串口、两组DPTR数据指针、ISP（在线编程）、集成USB接口以及语音处理等功能。

二、其他系列的8位单片机

（一）PIC系列单片机

PIC系列单片机有多种机型，其8位单片机主要有PIC 10、PIC 12、PIC 16、PIC 18几个系列。与MCS-51系列单片机相比，PIC系列单片机主要存在以下几个方面的差异。

（1）总线结构：MCS-51系列单片机的总线结构是冯·诺依曼型，计算机在同一个存储空间取指令和数据，两者不能同时进行；而PIC系列单片机的总线结构是哈佛结构，指令和数据空间是完全分开的，一个用于指令，一个用于数据，由于可以对程序和数据同时进行访问，因此提高了数据吞吐率。正因为在PIC系列单片机中采用了哈佛双总线结构，所以其与常见的微控制器不同的一点是程序和数据总线可以采用不同的宽度。数据总线都是8位的，但指令总线位数分别为12位、14位、16位。

（2）流水线结构：MCS-51系列单片机的取指和执行采用单指令流水线结构，即取一条指令，执行完后再取下一条指令；而PIC系列单片机的取指和执行采用双指令流水线结构，当一条指令被执行时，允许下一条指令同时被取出，这样就实现了单周期指令。

（3）寄存器组：PIC系列单片机的所有寄存器，包括I/O口、定时器和程序计数器等都采用RAM结构形式，而且都只需要一个指令周期就可以完成访问和操作；而MCS-51系列单片机需要两个或两个以上的周期才能改变寄存器的内容。

（二）AVR系列单片机

AVR系列单片机是增强型内置Flash的RISC（reduced instruction set CPU）精简指令集高速8位单片机。其指令简单、宽度固定、指令周期短，具备1MIPS/MHz的高速处理能力，可以广泛应用于计算机外部设备、工业实时控制、仪器仪表、通信设备、家用电器等各个领域。

早期单片机主要存在工艺及设计水平不高、功耗高和抗干扰性能差等缺点，为稳妥起见，即采用较高的分频系数对时钟分频，使得指令周期长，执行速度慢。以后的CMOS单片机虽然采用了提高时钟频率和缩小分频系数等措施，但这种状态并未被彻底改观。此间虽有某些精简指令集单片机（RISC）问世，但依然沿袭对时钟分频的做法。

AVR系列单片机的推出，彻底打破这种旧设计格局，其废除了机器周期，抛弃复杂指令计算机（CISC）追求指令完备的做法；采用精简指令集，以字作为指令长度单位，将操作数

与操作码安排在一字之中，取指周期短，又可预取指令，实现流水作业，故可高速执行指令。

AVR系列单片机具有以下特点。

（1）AVR系列单片机硬件结构采取8位机与16位机的折中策略，即采用局部寄存器堆（32个寄存器文件）和单体高速输入/输出的方案（即输入捕获寄存器、输出比较匹配寄存器及相应控制逻辑）。其提高了指令执行速度，突破了瓶颈，增强了功能；同时又减少了对外设管理的开销，相对简化了硬件结构，降低了成本。故系列AVR单片机在软/硬件速度、性能及成本等诸多方面取得了优化平衡。

（2）AVR系列单片机内嵌高质量的Flash程序存储器，擦写方便，支持ISP和IAP，便于产品的调试、开发、生产及更新。内嵌长寿命的EEPROM可长期保存关键数据，避免断电丢失。片内大容量的RAM不仅能满足一般场合的使用，同时也可更有效地支持使用高级语言开发系统程序，并可像MCS-51系列单片机那样扩展外部RAM。

（3）AVR系列单片机的I/O线全部可单独设定为输入/输出，可上接电阻输入/输出，可高阻输入，驱动能力强。其功能强大，使用灵活。

（4）AVR单片机片内具备多种独立的时钟分频器，分别供URAT、12C、SPI使用。其中与8/16位定时器配合的具有多达10位的预分频器，可通过软件设定分频系数提供多种档次的定时时间。

（5）AVR系列单片机包含丰富的外部设备。独特的定时/计数器，可生成占空比可变、频率可变、相位可变的PWM波；增强性的高速同/异步串口，具有硬件产生校验码、硬件检测和校验侦错、两级接收缓冲、波特率自动调整定位、屏蔽数据帧等功能，通信可靠，便于组成分布式网络和实现多机通信系统的复杂应用；高速硬件串行接口TWI、SPI，TWI与12C接口兼容，具备ACK信号硬件发送与识别、地址识别、总线仲裁等功能，能实现主/从机全部4种组合的多机通信。SPI支持主/从机等4种组合的多机通信；支持多个复位源（自动上下电复位、外部复位、WDT复位、BOD复位），可设置的启动后延时运行程序，增强了嵌入式系统的可靠性。

（6）低功耗。AVR系列单片机一般有多种省电休眠模式，且可宽电压运行（5～2.7 V），抗干扰能力强，可降低普通8位机中的软件抗干扰设计工作量和硬件的使用量。

AVR系列单片机系列齐全，共有3个档次，可适用于各种不同场合。

低档Tiny系列：主要有Tiny11/Tiny12/Tiny13/Tiny15/Tiny26/Tiny28等。

中档AT90S系列：主要有AT90S1200/AT90S2313/AT90S8515等。

高档ATmega系列：主要有ATmega8/ATmega16/ATmega32/ATmega64/ATmega128/ATmega8515/ATmega8535等。

第二章 单片机硬件结构

对于一个单片机的初学者而言，单片机的内部结构、各种资源以及单片机的指令系统是值得探讨学习的。本章以51系列单片机为例主要介绍了单片机的内部结构、引脚功能、工作方式以及单片机的最小系统等单片机硬件基础知识。

第一节 单片机内部结构

掌握单片机的内部结构和外部封装等硬件知识是学习、应用单片机的第一步。下面将详细介绍单片机的内部结构。

一、中央处理器（CPU）

51系列单片机内部有一个8位的面向控制、功能强大的微处理器，其主要功能是运算并控制整个系统进行协调工作。它由运算器和控制器两部分组成。

（一）运算器

运算器主要实现对操作数的算术运算、逻辑运算和位操作，主要包括算术逻辑单元、累加器A、寄存器B、程序状态字寄存器、暂存器、布尔处理器和十进制调整电路等部件。

1. 算术逻辑单元（arithmetical logic unit，ALU）

算术逻辑单元是计算机中必不可少的数据处理单元之一，主要对数据进行算术逻辑运算。从结构上看，该单元实质是一个全加器，它的运算结果将对程序状态字寄存器产生影响。该单元主要完成以下操作：

（1）加、减、乘、除运算；

（2）增量（加1）、减量（减1）运算；

（3）十进制数调整；

（4）位操作中的置位、复位和取反操作；

（5）与、或、异或等运算操作；

（6）数据传送操作。

2. 累加器A

累加器A是CPU中最繁忙、使用频度最高的一个特殊功能寄存器，简称"ACC"或"A寄存器"。其作用如下：

（1）累加器A作为ALU的输入数据源之一，也是ALU的输出；

（2）CPU中的数据传送大多数都通过累加器A，累加器A是一个非常重要的数据中转站。

3. 寄存器B

寄存器B是一个8位寄存器，是为ALU进行乘、除运算而设置的。在执行乘法运算指令的时候，寄存器B用于存放其中的一个乘数和乘积的高8位数；在执行除法运算的时候，寄存器B用于存放除数和余数；在其他情况下，B寄存器可以作为一个普通的寄存器使用。

4. 程序状态字寄存器

程序状态字寄存器是一个8位的专用寄存器，用于存储程序运行中的各种状态信息。它被逐位定义，可以位寻址，其格式见表2-1所列。

表2-1　程序状态字寄存器

D_7	D_6	D_5	D_4	D_3	D_2	D_1	D_0
CY	AC	F0	RS1	RS0	OV	—	P

下面逐一介绍各位的用途。

（1）CY：进位标志。进行算术运算时，由硬件置位或复位，表示在运算过程中，最高位是否有进位或借位的状态。进行位操作时，CY被认为是位累加器，它的作用相当于CPU中的累加器A。

（2）AC：辅助进位标志。在进行加法或减法运算时，若低4位向高4位有进位或借位，AC将被硬件置1，否则置0。AC常用于十进制调整指令和压缩BCD运算等。

（3）F0：用户标志位。由用户置位或复位，可以作为一个用户自定义的状态标志。

（4）RS1、RS：工作寄存器组选择位。可通过对RS1和RS0赋值，选择当前工作寄存器组，见表2-2所列。

表2-2　RS1和RS0赋值和对应的工作寄存器组

RS1和RS0赋值	寄存器组（地址单元）
00	寄存器组0（00H～07H）
01	寄存器组1（08H～0FH）
10	寄存器组2（10H～17H）
11	寄存器组3（18H～1FH）

（5）OV：溢出标志位。在进行算术运算时，如果产生溢出，则由硬件将OV置1，溢出为真，表示运算结果超出了目的寄存器A所能表示的有符号数范围（−128～+127），否则OV清0，溢出为假。在进行加减运算时，常采用双进位的状态标志来判断，双进位标志是指C_P和Cs。若$C_P \oplus Cs=0$（$\oplus$表示逻辑异或操作），表示无溢出，OV=0；若$C_P \oplus Cs=1$，表示有溢出，OV=1。

（6）P：奇偶标志位。每个机器周期都由硬件来复位。该位用以表示累加器A中为1的位数是奇数还是偶数。若累加器A中为1的位数是奇数，则P标志位置1，否则P标志位置0。在串行通信中，此标志位具有重要意义。其可用来传送奇偶校验位，以检验传输数据的可靠性，应用时将P置入串行帧中的奇偶校验位即可。

5. 暂存器

暂存器用以暂存进入运算器之前的数据。

6. 布尔处理器

布尔处理器（位处理器）是51系列单片机ALU所具有的一种功能。单片机指令系统的位处理指令集（17条位操作指令）、存储器中的位地址空间，以及借用程序状态字寄存器中的进位标志CY作为位累加器，构成了51系列单片机内的布尔处理器。它可对直接寻址的位（bit）变量进行位处理，包括置位、清零、取反、测试转移以及逻辑"与""或"等位操作，这使用户在编程时可以利用指令实现原本需要复杂硬件逻辑才能完成的功能，并可方便地设置标志等。

7. 十进制调整电路

十进制调整电路是一种用于修正二进制算术运算结果的逻辑电路。

（二）控制器

控制器是控制计算机系统各种操作的部件，其功能是控制指令的读取、译码和执行，对指令的执行过程进行定时控制，并根据执行结果决定其后的操作。它包括时钟发生器、复位电路、指令寄存器（IR）、指令译码器（ID）、控制逻辑、程序计数器（C）、程序地址寄存器、数据指针（DPTR）和堆栈指针（SP）等组件。下面将着重介绍部分组件。

1. 指令寄存器（IR）、指令译码器（ID）、控制逻辑

指令寄存器是用来存放操作码的专用寄存器。指令译码器译码识别IR中指令的操作类型。控制逻辑从取指令开始，直至指令执行控制各部件协调工作。

指令的执行分为采取指令、分析指令和执行指令3个阶段。首先，进行程序存储器读操作，也就是根据程序计数器给出的地址从程序存储器中取出指令；其次，将指令送至指令寄存器，指令寄存器分析指令并输出指令到指令译码器中；最后，指令译码器对该指令进行译码。控制逻辑产生一系列控制信号，送到单片机的各部件中，控制执行这一指令，如图2-1所示。

整个程序执行过程就是在控制器控制下将指令从程序存储器中逐条取出，进行译码，然后由定时控制逻辑电路发送相应的定时控制信号，控制指令的执行，执行的结果影响程序状态字寄存器的内容。

2. 程序计数器（C）

程序计数器是一个独立的计数寄存器，存放下一条将要从程序存储器中取出指令的地址。其基本工作过程为：在读取指令时，程序计数器将其保存的内容作为所取指令的地址输出给程序存储器，然后程序存储器按此地址将1字节指令送出，同时程序计数器自身自动加1，指向下一条将要取出的指令或指令后续字节的地址。程序计数器的位数决定了CPU对程序存储器的直接寻址范围。51系列单片机的程序计数器为16位，可直接寻址64 KB（2^{16}）。程序计数器的工作不完全是按顺序的，因为在指令中，存在转移、子程序调用、中断调用返回等工作，程序计数器就不再是自动加1了。

3. 程序地址寄存器

程序地址寄存器用来保存当前CPU所访问的内存单元的地址。由于在内存和CPU之间

存在着操作速度上的差别，所以必须使用地址寄存器来保持地址信息，直到内存的读／写操作完成为止。对时钟发生器、复位电路和堆栈指针（SP），这些内容将在后面陆续进行介绍。

4. 数据指针（DPTR）

数据指针是一个16位专用寄存器，主要作用是在执行片外数据存储器或I／O端口访问时，确定访问地址，所以称为数据存储器地址指针，简称"数据指针"。除此之外，数据指针寄存器也可用作访问程序存储器时的基址寄存器，还可作为一个通用的16位寄存器或两个8位寄存器使用。

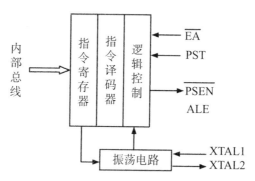

图2-1　指令寄存、指令译码、逻辑控制图

二、存储器结构

51系列单片机的存储组织采用的是哈佛结构，即将程序存储器和数据存储器分开，程序存储器和数据存储器具有各自独立的寻址方式、寻址空间和控制系统。这种结构对单片机"面向控制"的实际应用极为方便。在物理结构上，51系统单片机有4个存储器空间，其内部组织结构如图2-2所示。

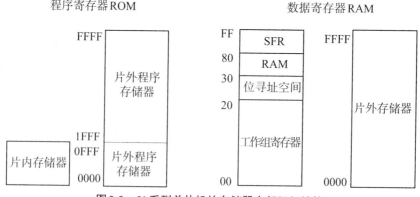

图2-2　51系列单片机的存储器内部组织结构

注意：51系列单片机的存储器包含很多存储器单元，为区分不同的存储器单元，单片机对每个存储器单元进行了编号。存储器单元的编号就称为存储器单元的地址，每个存储器单元存储的若干位二进制数据成为存储器单元的数据。

（一）存储原理

为了探讨计算机的存储原理，先来做一个实验。这里有两盏灯，我们知道灯只有亮和灭两种状态，我们用1和0来代替这两种状态，规定亮为1，灭为0。现在这两盏灯总共有几种状态呢？我们列表来看一下，如图2-3所示。

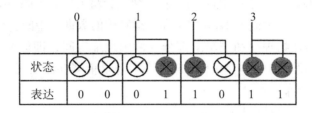

图2-3 存储状态图

从图2-3中可以看出，两盏灯可以表达00、01、10、11四种状态。同样地，三盏灯应该可以表达000、001、010、011、100、101、110、111八种状态。原本灯的亮和灭只是一种物理现象，可当我们把它们按一定的顺序排列好后，灯的亮和灭就代表了数字。灯之所以亮，是因为电路输出高电平；相反，灯灭是因为电路输出低电平。这样，数字就和电平的高、低联系上了。

存储器是利用电平的高低来存放数据的。它是由大量寄存器组成的，其中每一个寄存器称为一个存储单元。它可存放一个有独立意义的二进制代码。一个代码由若干位（bit）组成，代码的位数称为位长，习惯上也称"字长"。

（二）内部程序存储器

51系列单片机程序存储器用来存放调试正确的应用程序和表格之类的固定数据。片内程序存储器有以下几种类型。

（1）掩膜ROM：也称"固定ROM"，它是由厂家编好程序写入ROM供用户使用，用户不能更改其内部程序。其特点是价格便宜。

（2）可编程的只读存储器（PROM）：它的内容可由用户根据自己所编程序一次性写入。一旦写入，只能读出，而不能再进行更改，这类存储器现在也称"OTP（only time programmable）"。

（3）可改写的只读存储器（EPROM）：它的内容可以通过紫外线照射而被彻底擦除，擦除后又可重新写入新的程序。

（4）可电改写只读存储器（EEPROM）：可用电的方法写入和清除其内容，其编程电压和清除电压均与微机CPU的5 V工作电压相同，不需另加电压。它既与RAM一样读写操作简便，又不会因掉电而丢失数据，因而使用极为方便。现在这种存储器的使用最为广泛。

（5）快擦写存储器（Flash）：这种存储器是在EPROM和EEPROM的基础上产生的一种

非易失性存储器。其集成度高，制造成本低，既有读写的灵活性和较快的访问速度，又有ROM在断电后可不丢失信息的特点，所以发展迅速。

（三）内部数据存储器

内部数据存储器由随机存储器RAM组成，这种存储器又称"读写存储器"。它不仅能读取存放在存储单元中的数据，还能随时写入新的数据，写入后原来的数据就丢失了。断电后RAM中的信息全部丢失。因此，RAM用来存放运算中的数据、中间结果及最终结果。单片机的内部数据存储器在物理上和逻辑上都分为两个地址空间，即低128字节（30H～7FH）的数据存储器空间和高128字节（80H～FFH）的特殊功能寄存器空间。如图2-4所示，可清楚地看出它们的结构分布。

FFH	特殊功能寄存器区（SFR）	可字节寻址，也可位寻址
80H 7FH	数据缓冲区 堆栈区 工作单元	只能字节寻址
30H 2FH	位寻址区 00H～7FH	全部可位寻址，共16字节128位
20H 1FH	3区	4组通用寄存器R0～R7也可作RAM使用，R0、R1也可位寻址
	2区	
	1区	
00H	0区	

图2-4　数据存储器结构

高128字节与特殊功能寄存器在地址上重叠，而在物理上是分开的。当一条指令访问高于7FH的地址时，寻址方式决定CPU访问高128字节RAM还是特殊功能寄存器空间。直接寻址方式访问特殊功能寄存器（SFR），间接寻址方式访问高128字节RAM。下面来看一下RAM中的低128字节区。

1. 通用寄存器区（00H～1FH）

00H～1FH共32个单元被均匀地分为四块，每块包含8个8位寄存器，均以R0～R7来命名，我们常称这些寄存器为通用寄存器。使用程序状态字寄存器来统一管理它们，CPU只要定义程序状态字寄存器的D_3和D_4位（RS0和RS1），即可选中这4组通用寄存器。通用寄存器对应的编码关系见表2-3所列。程序中并不需要用4组，其余的可用做一般的数据缓冲器，CPU在复位后，选中第0组工作寄存器。

表2-3 通用寄存器对应的编码关系

组	RS1	RS0	R0	R1	R2	R3	R4	R5	R6	R7
0	0	0	00H	01H	02H	03H	04H	05H	06H	07H
1	0	1	08H	09H	0AH	0BH	0CH	0DH	0EH	0FH
2	1	0	10H	11H	12H	13H	14H	15H	16H	17H
3	1	1	18H	19H	1AH	1BH	1CH	1DH	1EH	1FH

2. 位寻址区（20H～2FH）

片内RAM的20H～2FH单元为位寻址区，既可作为一般单元用字节寻址，也可对它们的位进行寻址。位寻址区共有16字节，128位，位地址为00H～7FH。RAM位寻址区地址分配表见表2-4所列。

表2-4 RAM位寻址区地址分配表

单元地址	位地址							
2FH	7FH	7EH	7DH	7CH	7BH	7AH	79H	78H
2EH	77H	76H	75H	74H	73H	72H	71H	70H
2DH	6FH	6EH	6DH	6CH	6BH	6AH	69H	68H
2CH	67H	66H	65H	64H	63H	62H	61H	60H
2BH	5FH	5EH	5DH	5CH	5BH	5AH	59H	58H
2AH	57H	56H	55H	54H	53H	52H	51H	50H
29H	4FH	4EH	4DH	4CH	4BH	4AH	49H	48H
28H	47H	46H	45H	44H	43H	42H	41H	40H
27H	3FH	3EH	3DH	3CH	3BH	3AH	39H	38H
26H	37H	36H	35H	34H	33H	32H	31H	30H
25H	2FH	2EH	2DH	2CH	2BH	2AH	29H	28H
24H	27H	26H	25H	24H	23H	22H	21H	20H
23H	1FH	1EH	1DH	1CH	1BH	1AH	19H	18H
22H	17H	16H	15H	14H	13H	12H	11H	10H
21H	0FH	0EH	0DH	0CH	0BH	0AH	09H	08H
20H	07H	06H	05H	04H	03H	02H	01H	00H

CPU能直接寻址这些位，执行如置1、清0、求反、转移、传送和逻辑等操作。我们常称51系列单片机具有布尔处理功能，布尔处理的存储空间指的就是这些位地址区。

3. 数据缓冲器区（30H～7FH）

片内数据区地址共80个字节单元，是单片机内部的数据缓冲器，用于存放用户数据和各种字节标志，采用直接或间接寻址方式访问。数据缓冲区中的80字节中有一部分给堆栈使用。

4.堆栈指针（SP）

堆栈是一种后进先出（LIFO）的线性表，使用单片机内部RAM单元存储一些需要回避的数值数据或地址数据。堆栈就像堆放货物的仓库一样，存取数据时采用"后进先出"（即"先进后出"）的原则。它主要是为子程序调用和中断操作而设立的。堆栈指针（SP）是一个8位的特殊功能寄存器，用于存放当前堆栈栈顶指向的存储单元地址，其地址为81H。

堆栈只有入栈和出栈两种操作。不论数据是入栈还是出栈，都是对栈顶单元（SP指向的单元）进行操作的。堆栈是向上生成的。入栈时SP的内容是增加的，出栈时SP的内容是减少的。堆栈区域的大小可用软件对SP重新定义初值来改变，但堆栈深度以不超过片内RAM空间为限。系统复位后，SP的值为07H，若不重新定义，则以07H单元为栈底，入栈的内容从地址为08H的单元开始存放。堆栈主要是为子程序调用和中断操作而设立的，常用的功能有保护断点和保护现场两个。在单片机系统中，既有与子程序调用和中断调用相伴随的自动入栈和出栈，又有堆栈的进栈和出栈指令（PUSH和POP）。此外，堆栈还具有传递参数等功能。堆栈可有向上生长型和向下生长型两种类型，如图2-5所示。

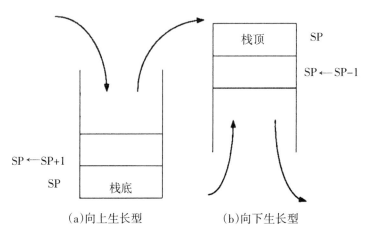

图2-5　两种类型的堆栈

向上生长型堆栈，栈底在低地址单元。51系列单片机属于向上生长型堆栈，这种堆栈的操作规则如下：①进栈操作，先SP加1，后写入数据；②出栈操作，先读出数据，后SP减1。向下生长型堆栈，栈底设在高地址单元。随着数据进栈，地址递减，SP内容越来越小，指针下移；反之，随着数据的出栈，地址递增，SP内容越来越大，指针上移。其堆栈操作规则与向上生长型正好相反。

堆栈的使用有两种方式。一种是自动方式，即在调用子程序或中断时，返回地址（断点）自动进栈。程序返回时，断点再自动弹回PC。这种堆栈操作无须用户干预，因此称为自动方式。另一种是指令方式，即使用专用的堆栈指令，进行进出栈操作。其进栈指令为PUSH，出栈指令为POP。如现场保护就是指令方式的进栈操作，而现场恢复则是指令方式的出栈操作。

（四）特殊功能寄存器

在51系列单片机内部有一个CPU用来运算、控制，有四个并行I／O口，有程序存储器，有数据存储器，此外还有定时／计数器、串行I／O口、中断系统，以及一个内部的时钟电路。对并行I／O口的读写只要将数据送入相应I／O口的锁存器就可以了，那么对定时／计数器，串行I／O口等怎么用呢？在单片机中有一些独立的存储单元是用来控制这些器件的，称为特殊功能寄存器（SFR）。特殊功能寄存器（SFR）的符号、地址及名称见表2-5所列。

表2-5 特殊功能寄存器（SFR）的符号、地址及名称

符号	地址	名称
B	F0H	B寄存器
ACC	E0H	累加器A
PSW	D0H	程序状态字寄存器
T2CON	C8H	定时／计数器2控制寄存器
T2MOD	C9H	定时／计数器2模式寄存器
RCAP2L	CAH	定时器2捕捉寄存器低字节
RCAP2H	CBH	定时器2捕捉寄存器高字节
TL2	CCH	定时／计数器2（低8位）
TH2	CDH	定时／计数器2（高8位）
IP	B8H	中断优先级寄存器
P3	B0H	P3口锁存器
IE	A8H	中断允许寄存器
P2	A0H	P2口锁存器
AUXR1	A2H	辅助寄存器1
WDT	A6H	看门狗定时器
SCON	98H	串行口控制寄存器
SBUF	99H	串行数据缓冲器
P1	90H	P1口锁存器
TCON	88H	定时／计数器控制寄存器
TMOD	89H	定时／计数器工作方式寄存器
TL0	8AH	定时／计数器0（低8位）
TL1	8BH	定时／计数器1（低8位）
TH0	8CH	定时／计数器0（高8位）

符号	地址	名称
TH1	8DH	定时／计数器1（高8位）
AUXR	8EH	辅助寄存器
P0	80H	P0口锁存器
SP	81H	堆栈指针
DP0L	82H	数据地址0（低8位）
DP0H	83H	数据地址0（高8位）
DP1L	84H	数据地址1（低8位）
DP1H	85H	数据地址1（高8位）
PCON	87H	电源控制寄存器

在前面的章节中已经学习过一些特殊功能寄存器，如累加器A、程序状态字寄存器等。这里重点介绍电源控制寄存器（PCON）。电源控制寄存器的地址为87H，其每一位有不同的控制功能，见表2-6所列。电源控制寄存器不可位寻址。

表2-6 电源控制寄存器的位控制功能

符号	位	控制功能
SMOD	7	波特率选择位：用于决定串行通信时钟的波特率是否加倍
	6	
	5	
POF	4	掉电标志位：上电期间POF置1
GF1	3	通用标志位1
GF0	2	通用标志位0
PD	1	掉电模式位：置1将使单片机进入掉电工作模式，只有复位才可退出此工作模式
IDL	0	待机模式位：置1将使单片机进入掉电工作模式，中断或系统复位可退出此工作模式

51系列单片机的电源模式有两种，即待机模式和掉电模式。两种电源模式下的引脚状态见表2-7所列。

（1）待机模式。在待机模式下，CPU处于睡眠状态，而所有片上外部设备保持激活状态。这种状态可以通过软件产生。在这种状态下，片上RAM和特殊功能寄存器的内容保持不变。空闲模式可以被任一个中断或硬件复位终止。由硬件复位终止空闲模式只需两个机器周期有效复位信号，在这种情况下，片上硬件禁止访问内部RAM，而可以访问端口引脚。空闲模式被硬件复位终止后，为了防止预想不到的写端口，激活空闲模式的那一条指令的下一条指令不应该是写端口或外部存储器。

（2）掉电模式。在掉电模式下，晶振停止工作，激活掉电模式的指令是最后一条执行指令。片上 RAM 和特殊功能寄存器保持原值，直到掉电模式终止。掉电模式可以通过硬件复位和外部中断退出。复位重新定义了 SFR 的值，但不改变片上 RAM 的值。在 V_{CC} 未恢复正常工作电压时，硬件复位不能无效，并且应保持足够长的时间以使晶振重新工作和初始化。

表 2-7　待机模式和掉电模式下的引脚状态

模式	程序存储器	ALE	PSEN	PORT0	PORT1	PORT2	PORT3
待机	内部	1	1	数据	数据	数据	数据
待机	外部	1	1	浮空	数据	地址	数据
掉电	内部	0	0	数据	数据	数据	数据
掉电	外部	0	0	浮空	数据	数据	数据

（五）存储器结构特点

单片机的存储器结构与微型计算机有很大的不同。它有两个重要特点：一是把数据存储器和程序存储器截然分开，二是存储器有内外之分。对于面向控制应用且又不可能具有磁盘的单片机系统来说，程序存储器是至关重要的，但数据存储器也不可少。为此单片机的存储器分为数据存储器和程序存储器，其地址空间、存取指令和控制信号各有一套。单片机应用系统的存储器除类型不同外，还有内外之分，即有片内存储器和片外存储器之分。片内存储器的特点是使用方便，对于简单的应用系统，有时只需使用片内存储器就够了。但片内存储器的容量受到限制，程序存储器一般只有 4 KB，数据存储器也只有 128 个单元，这对复杂一点的应用是不够的。因此，单片机应用系统时常需要扩展存储器。

三、I/O 端口结构

51 系列单片机有 1 个 8 位双向并行 I/O 端口 P0 和 3 个 8 位准双向并行 I/O 端口 P1～P3。每一位端口都由出口锁存器、输出锁存器和输入缓冲器组成。它们已被归入专用寄存器之列，并且具有字节寻址和位寻址功能。

这 4 个端口在结构上基本相同，但负载能力和功能又各有不同。由于 P1～P3 口上拉电阻较大，负载能力较强，为 3～4 个 TTL 门电路。作为 I/O 端口使用时，P0 口漏极开路，当需要驱动拉电流负载时，必须外接上拉电阻；输出低电平负载能力比 P1～P3 口强，能驱动 8 个 TTL 门电路。P0 口既可作一般 I/O 端口使用，又可作地址 / 数据总线使用；P1 口是一个准双向并行口，作通用并行 I/O 端口使用；P2 口除可作为通用 I/O 端口使用外，还可在 CPU 访问外部存储器时作高 8 位地址线使用；P3 口是一个多功能口，除具有准双向 I/O 功能外，还具有第二功能。

（一）P0 口

图 2-6 展示了 P0 口某一位电路结构。如图 2-6 所示，电路中包含一个数据输出锁存器、两个三态数据输入缓冲器、一个数据输出的驱动电路和一个输出控制电路。当对 P0 口进行写操作时，由锁存器和驱动电路构成数据输出通路。由于通路中已有输出锁存器，因此数据

输出时可以与外设直接连接，而不需要再加数据锁存电路。

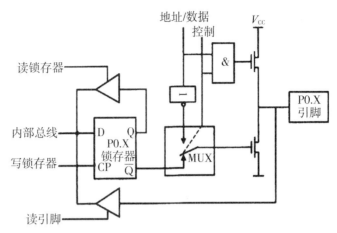

图2-6　P0口某一位电路结构

考虑到P0口既可以作为通用的I/O口进行数据的输入/输出，也可以作为单片机系统的地址/数据线使用，因此在P0口的电路中有一个多路转接电路（MUX）。在控制信号的作用下，多路转接电路可以分别接通锁存器输出或地址/数据线。当作为通用的I/O口使用时，内部的控制信号为低电平，封锁与门，将输出驱动电路的上拉场效应管（FET）截止，同时使多路转接电路MUX接通锁存器Q端的输出通路。读端口是指通过上面的缓冲器读锁存器Q端的状态。在端口已处于输出状态的情况下，Q端与引脚的信号是一致的，这样安排的目的是适应对口进行"读→修改→写"操作指令的需要。如"ANL P0，A"就属于这类指令，执行时先读入P0口锁存器中的数据，然后与A的内容进行逻辑与，再把结果送回P0口。对于这类"读→修改→写"指令，不直接读引脚而读锁存器是为了避免可能出现的错误。因为在端口已处于输出状态的情况下，如果端口的负载恰是一个晶体管的基极，导通了的PN结会把端口引脚的高电平拉低，这样直接读引脚就会把本来的1误读为0。但若从锁存器Q端读，就能避免这样的错误，得到正确的数据。

注意：当P0口进行一般的I/O口输出时，由于输出电路是漏极开路电路，因此必须外接上拉电阻才能有高电平输出；当P0口进行一般的I/O口输入时，必须先向电路中的锁存器写入1，使FET截止，以避免锁存器为0状态时对引脚读入的干扰。在实际应用中，P0口在绝大多数情况下都是作为单片机系统的地址/数据线使用，这要比一般I/O口应用简单。当输出地址或数据时，由内部发出控制信号，打开上面的与门，并使多路转接电路（MUX）处于内部地址/数据线与驱动场效应管栅极反相接通状态。这时的输出驱动电路由于上、下两个FET处于反相，形成推拉式电路结构，使负载能力大为提高。而当输入数据时，数据信号则直接从引脚通过输入缓冲器进入内部总线。

（二）P1口

P1口某一位电路结构如图2-7所示。因为P1口通常是作为通用I/O口使用的，所以在电路结构上与P0口有一些不同之处，主要表现为两点：第一，它不再需要多路转接电路

MUX；第二，电路的内部有上拉电阻，与场效应管共同组成输出驱动电路。因此，P1口作为输出口使用时，已经能向外提供推拉电流负载，无须再外接上拉电阻。当P1口作为输入口使用时，同样也需先向其锁存器写1，使输出驱动电路的FET截止。

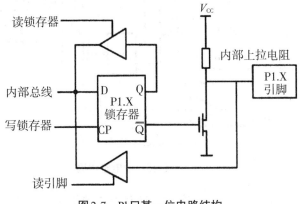

图2-7　P1口某一位电路结构

（三）P2口

P2口某一位电路结构如图2-8所示。P2口电路比P1口电路多了一个多路转接电路（MUX），这又正好与P0口一样。P2口可以作为通用I／O口使用，这时多路转接电路开关倒向锁存器Q端。通常情况下，P2口是作为高位地址线使用而不作为数据线使用，此时多路转接电路开关应倒向相反方向。

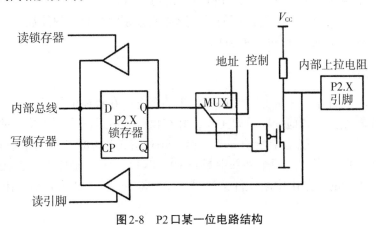

图2-8　P2口某一位电路结构

（四）P3口

P3口某一位电路结构如图2-9所示。P3口的特点在于，为适应引脚信号第二功能的需要，增加了第二功能控制逻辑。对于第二功能信号有输入和输出两类。对第二功能为输出的信号引脚，当作为I／O口使用时，第二功能信号引线应保持高电平，与非门开通，以维持从锁存器到输出端数据输出通路的畅通。当输出第二功能信号时，该位的锁存器应置1，使与非门对第二功能信号的输出是畅通的，从而实现第二功能信号的输出。

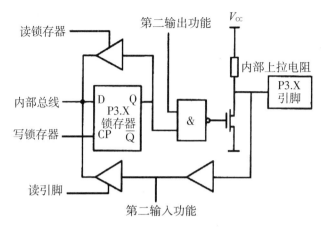

图2-9　P3口某一位电路结构

对于第二功能为输入的信号引脚，在输入通路上增加了一个缓冲器，输入的第二功能信号就从这个缓冲器的输出端取得。而作为I／O使用的数据输入，仍取自三态缓冲器的输出端。不管是作为输入口使用还是第二功能信号输入，输出电路中的锁存器输出和第二功能输出信号线都应保持高电平。

四、定时器／计数器结构

8051有两个16位定时器／计数器T0和T1，分别与两个8位寄存器T0L、T0H和T1L、T1H对应。8051的定时器／计数器可以工作在定时方式或计数方式下。

（1）定时方式，实现对单片机内部的时钟脉冲或分频后的脉冲的计数。

（2）计数方式，实现对外部脉冲的计数。

五、中断系统

在单片机系统设计中，中断是一个必不可少的概念。在程序的执行过程中，有时候需要停下手头的工作转而执行其他一些重要工作，并在执行完后返回到原来执行的程序中，再继续执行未完成的任务。这就是中断的一般过程。8051有5个中断源，两个中断优先级控制，可以实现两个中断服务嵌套。两个外部中断$\overline{INT0}$、$\overline{INT1}$，两个定时器中断T0、T1，还有一个串行口中断。中断的控制由中断允许寄存器（IE）和中断优先级寄存器（IP）实现。

第二节　单片机引脚功能

51系列单片机在嵌入式应用中，有的系统需要扩展外围芯片（存储器或I／O接口），这就需要三总线（数据线、地址线和控制线）引脚，这类总线可扩展的单片机的引脚通常在40个以上。下面对51系列单片机进行介绍。

一、芯片封装

AT89S51单片机有40～44条功能引脚，芯片的引脚数目也不同。它有以下3种不同的封装形式：①塑料双列直插式封装（PDIP）；②塑料有引线芯片载体封装（PLCC）；③薄型四方扁平封装（TQFP）。各种封装形式及其引脚如图2-10所示。

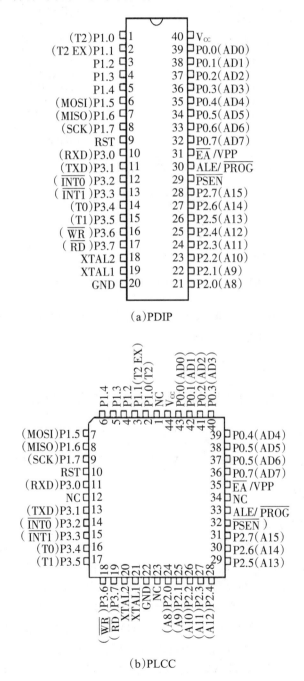

（a）PDIP

（b）PLCC

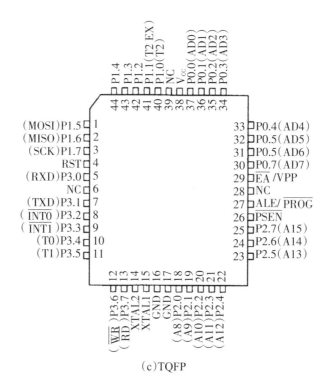

（c）TQFP

图2-10 AT89S51的3种封装形式及其引脚

PDIP封装在可拆卸或一些实验系统中使用较多，当芯片损坏时可以替换，而PLCC、TQFP封装一般为贴片式，在系统中相对固定。

二、芯片引脚及功能

AT89S52与其他PDIP封装的51系列单片机芯片一样，具有40个引脚。下面介绍各引脚的功能。

（一）供电引脚

供电引脚接入AT89S51的工作电源。V_{cc}为电源正极，一般为+5 V；GND为电源地。

（二）I／O引脚

I／O引脚就是输入／输出引脚。

P0：P0口是一个8位漏极开路的双向I／O口。作为输出口，每位能驱动8个TTL逻辑电平。对P0口写1时，引脚用作高阻抗输入。当访问外部程序和数据存储器时，P0口也被作为低8位地址／数据复用。在这种模式下，P0具有内部上拉电阻。在Flash编程时，P0口也用来接收指令字节；在程序校验时，输出指令字节。在程序校验时，需要外部上拉电阻。

P1：P1口是一个具有内部上拉电阻的8位双向I／O口，P1口输出缓冲器能驱动4个TTL逻辑电平。对P1口写1时，内部上拉电阻把端口拉高，此时可以作为输入口使用。作为输入使用时，被外部拉低的引脚因内部电阻的影响，将输出电流（IIL）。此外，P1.0和P1.2分别作定时器／计数器T2的外部计数输入（P1.0／T2）和定时器／计数器T2的触发输入（P1.1／T2EX），具体功能（第二功能）见表2-8所。在Flash编程和校验时，P1口接收低8位地址字节。

表2-8　P1口的第二功能

引脚号	第二功能
P1.0	T2（定时／计数器T2的外部计数输入），时钟输出
P1.1	T2 EX（定时／计数器T2的捕捉／重载触发信号和方向控制）
P1.5	MOSI（在系统编程用）
P1.6	MISO（在系统编程用）
P1.7	SCK（在系统编程用）

P2：P2口是一个具有内部上拉电阻的8位双向I／O口，P2口输出缓冲器能驱动4个TTL逻辑电平。对P2口写1时，内部上拉电阻把端口拉高，此时可以作为输入口使用。作为输入使用时，被外部拉低的引脚因内部电阻的影响，将输出电流（IIL）。在访问外部程序存储器或用16位地址读取外部数据存储器（如执行MOVX@DPTR）时，P2口将送出高8位地址。在这种应用中，P2口使用很强的内部上拉发送1。在使用8位地址（如MOVX@RI）访问外部数据存储器时，P2口输出P2锁存器的内容。在Flash编程和校验时，P2口也接收高8位地址字节和一些控制信号。

P3：P3口是一个具有内部上拉电阻的8位双向I／O口，P2口输出缓冲器能驱动4个TTL逻辑电平。对P3口写1时，内部上拉电阻把端口拉高，此时可以作为输入口使用。作为输入使用时，被外部拉低的引脚因内部电阻的影响，将输出电流（IIL）。P3口也作为AT89S52特殊功能（第二功能）使用，见表2-9所示。在Flash编程和校验时，P3口也接收一些控制信号。

表2-9　P3口的第二功能

引脚号	第二功能
P3.0	RXD（串行输入）
P3.1	TXD（串行输出）
P3.2	$\overline{INT0}$（外部中断0）
P3.3	$\overline{INT1}$（外部中断1）
P3.4	T0（定时／计数器0外部输入）
P3.5	T1（定时／计数器1外部输入）
P3.6	$\overline{WR}$（外部数据存储器写选通）
P3.7	$\overline{RD}$（外部数据存储器读选通）

（三）控制引脚

控制引脚包括RST、ALE、$\overline{PSEN}$、$\overline{EA}$，此类引脚提供控制信号，有些引脚具有复用功能。

（1）RST：复位输入。在晶振工作时，RST脚持续两个机器周期，高电平将使单片机复位。WDT计时完成后，RST脚输出96个晶振周期的高电平。特殊寄存器AUXR（地址8EH上的DISRTO位）可以使此功能无效。在DISRTO默认状态下，复位高电平有效。

（2）ALE：地址锁存控制信号（ALE）是访问外部程序存储器时，锁存低8位地址的输出脉冲。在Flash编程时，此引脚也用作编程输入脉冲。在一般情况下，ALE以晶振1/6的固定频率输出脉冲，可用来作为外部定时器或时钟使用。需要特别强调的是，在每次访问外部数据存储器时，ALE脉冲将会跳过。通过将地址为8EH的SFR的第0位置1，ALE操作将无效。这一位置1，ALE仅在执行MOVX或MOVC指令时有效；否则，ALE将被微弱拉高。这个ALE使能标志位（地址为8EH的SFR的第0位）的设置对微控制器处于外部执行模式下无效。

（3）$\overline{PSEN}$：外部程序存储器选通信号。当AT89S52从外部程序存储器执行外部代码时，$\overline{PSEN}$在每个机器周期被激活两次，而在访问外部数据存储器时，$\overline{PSEN}$将不被激活。

（4）$\overline{EA}$：访问外部程序存储器控制信号。为了从0000H～FFFFH的外部程序存储器读取指令，$\overline{EA}$必须接GND。为了执行内部程序指令，$\overline{EA}$应接V_{cc}。在Flash编程期间，$\overline{EA}$也接收12 V的VPP电压。

（四）外接晶振引脚

外接晶振引脚与片内的反相放大器构成一个振荡器，它提供了单片机的时钟控制信号，也可采用外部晶体振荡器。

（1）XTAL1：接外部晶体的一个引脚，在单片机内部，它是一个反相放大器的输入端。若采用外部振荡器，该引脚接收振荡器的信号，即把此信号直接接到内部时钟发生器的输入端。

（2）XTAL2：接外部晶体的另一端，在单片机内部接到反相放大器的输出端，当采用外接晶体振荡器时，此引脚可以不接。

第三节 单片机工作模式

一、单片机工作时序

时钟电路是单片机的心脏，它控制着单片机的工作节奏。单片机是在统一的时钟脉冲控制下一拍一拍地进行工作的。这个脉冲是由时序电路发出的。单片机的时序就是CPU在执行指令时所需控制信号的时间顺序，为了确保各部件同步工作，单片机内部的电路应在唯一的时钟信号下严格地按时序进行工作。

（一）时钟电路

时钟模块用于产生51系列单片机工作所需的各个时钟信号，单片机在这些时钟信号的驱动下工作，工作过程中的各个信号之间的关系称为单片机的时序。51系列单片机的时钟源可以用内部振荡器产生，也可以使用外部时钟源输入产生。前者需要在XTAL1和XTAL2引脚之间跨接石英晶体（还需要30 pF左右的微调电容），让石英晶体和内部振荡器之间组成稳定的自激振荡电路，具体频率由石英晶体决定，微调电容可以对频率大小进行微调；后者将晶振等外部时钟源直接连接到XTAL2引脚上为单片机提供时钟信号，具体的频率由晶振决定。51系列单片机的时钟源电路如图2-11所示。

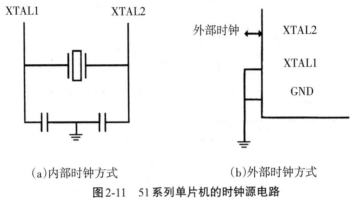

(a)内部时钟方式　　　　　　　(b)外部时钟方式

图2-11　51系列单片机的时钟源电路

（二）时序定时单位

时序是用定时单位来说明的。51系列单片机的时序定时单位共有4个，从小到大依次是拍节、状态、机器周期和指令周期。

1. 拍节、状态

把振荡脉冲的周期定义为拍节（用P表示）。振荡脉冲经过二分频，就是单片机的时钟信号的周期，其定义为状态（用S表示）。这样，一个状态就包含两个拍节，其前半周期对应的拍节叫拍节1（P1），后半周期对应的拍节叫拍节2（P2）。

2. 机器周期

51系列单片机采用定时控制方式，因此它有固定的机器周期。规定一个机器周期的宽度为6个状态，并依次表示为S1～S6。由于一个状态又包括两个拍节，因此一个机器周期总共有12个拍节，分别记作S1P1，S1P2，…，S6P2。由于一个机器周期共有12个振荡脉冲周期，因此机器周期就是振荡脉冲的十二分频。当振荡脉冲频率为12 MHz时，一个机器周期为1 μs；当振荡脉冲频率为6 MHz时，一个机器周期为2 μs。

3. 指令周期

指令周期是最大的时序定时单位，执行一条指令所需要的时间称为指令周期。它一般由若干个机器周期组成。不同的指令所需要的机器周期数也不相同。通常，包含一个机器周期的指令称为单周期指令，包含两个机器周期的指令称为双周期指令，指令的运算速度与指令所包含的机器周期有关，机器周期数越少的指令执行速度越快。MCS-51系列单片机通常可以分为单周期指令、双周期指令和四周期指令3种。四周期指令只有乘法和除法两条指令，其余均为单周期和双周期指令。

（三）指令的执行时序

单片机执行任何一条指令时都可以分为取指令阶段和执行指令阶段，51系列单片机的指令执行时序如图2-12所示。

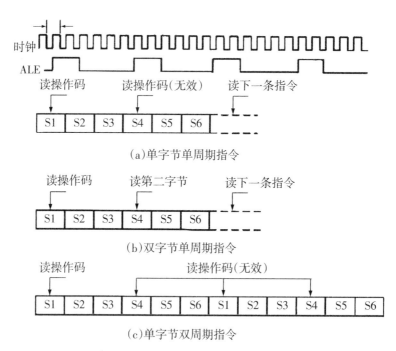

图2-12　51系列单片机的指令执行时序

由图2-12可见，ALE引脚上出现的信号是周期性的，在每个机器周期内出现两次高电平。第一次出现在S1P2和S2P1期间，第二次出现在S4P2和S5P1期间，有效宽度为一个状态。ALE信号每出现一次，CPU就进行一次取指操作，但由于不同指令的字节数和机器周期数不同，因此取指令操作也随指令不同而有小的差异。按照指令字节数和机器周期数，8051的111条指令可分为6类，分别是单字节单周期指令、单字节双周期指令、单字节四周期指令、双字节单周期指令、双字节双周期指令、三字节双周期指令。图2-12（a）、图2-12分别给出了单字节单周期指令和双字节单周期指令的时序。单周期指令的执行始于S1P2，这时操作码被锁存到指令寄存器内。若是双字节，则在同一机器周期的S4读第二字节。若是单字节指令，则在S4仍有读操作，但被读入的字节无效，且程序计数器PC并不增量。图2-12（c）给出了单字节双周期指令的时序，两个机器周期内进行4次读操作码操作。因为是单字节指令，所以后三次读操作都是无效的。

二、单片机的工作方式

MCS-51系列单片机有复位方式、程序执行方式、低功耗方式、单步执行方式和编程方式5种工作方式。

（一）复位方式

当单片机的RST引脚被加上两个机器周期以上的高电平之后，单片机进入复位方式，复位之后单片机的内部各个寄存器进入一个初始化状态，其数值见表2-10所列。

表2-10 复位状态下的单片机内部寄存器数值

寄存器	数值	寄存器	数值
PC	0x0000H	PSW	0x00H
ACC	0x00H	SP	0x07H
B	0x00H	DPRT	0x0000H
PSW	0x00H	P0～P3	0xFFH
IP	xxx00000B	PCON	0xxx0000B
IE	0xx00000B	TH	0x0000H
TMOD	0x00H	TL	0x0000H
TCON	0x00H	SBUF	随机数
SCON	0x00H	—	—

MCS-51系列单片机的复位可以分为上电复位和外部复位两种方式，图2-13所示是这两种复位方式的电路结构示意图。

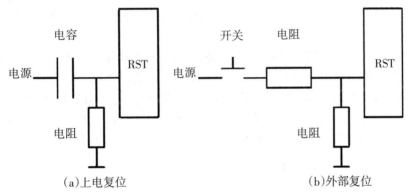

图2-13 MCS-51系列单片机的复位方式的电路结构示意图

在上电复位电路中，当电源开始工作的瞬间，RST引脚电平和电源电平相同，电容开始充电，当电容充电完成，RST引脚电平被下拉到地。在电源开始工作到电容充电完成的过程中RST上被加上了一个高电平，选择合适的电阻和电容，让这个时间大于单片机需要的复位时间，即对单片机进行了一次复位，这个时间可以粗略地通过$t=RC$来计算。在外部复位电路中，RST引脚通过开关连接到电源，当开关按下时RST被拉到电源电平，完成一次复位，开关断开后RST引脚恢复低电平，外部复位又被称为手动复位，在实际系统中上电复位和外部复位常常被结合起来使用。

（二）程序执行方式

程序执行方式是51系列单片机最常见的工作方式，单片机在复位后将正常执行放置在单片机程序存储器中的程序。当$\overline{EA}$=1时，从内部程序存储器开始执行；当$\overline{EA}$=0时，从外部程序存储器开始执行。

（三）低功耗方式

CMOS型的MCS-51系列单片机有待机模式和掉电模式两种低功耗操作方式，可以减少单片机系统所需要的电力。在待机模式下，单片机的处理器停止工作，其他部分保持工作；在掉电模式下单片机仅有RAM保持供电，其他部分均不工作。相应的单片机通过设置电源控制寄存器（PCON）的相应位置使得单片机进入相应的工作模式。PCON的相关说明如下。

（1）IDL（PCON.0）：待机模式设置位，当IDL被置位后单片机进入待机模式。

（2）PD（PCON.1）：掉电模式设置位，当PD被置位后单片机进入掉电模式。

（3）GF0（PCON.2）：通用标志位0，用于判断单片机所处的模式。

（4）GF1（PCON.3）：通用标志位1，用于判断单片机所处的模式。

在IDL被置位后单片机进入待机模式，在该模式下时钟信号从中央处理器断开，而中断系统、串行口、定时器等其他模块继续在时钟信号下正常工作，RAM和相应特殊功能寄存器内容都被正常保存。退出待机模式有两种方式：一种是在待机模式下，如果有一个事先被允许的中断被触发，IDL会被硬件清除，单片机结束待机模式，进入程序工作方式，PC跳转到进入待机模式之前的位置，执行启动待机模式指令后一条指令。中断服务子程序可以通过查询GF0和GF1确定中断服务的性质。另一种是硬件复位，在复位之后PCON中各位均被清除。

在PD被置位后单片机进入掉电模式，在该种模式下时钟模块停止工作，时钟信号从各个模块隔离，各个模块都停止工作，只有RAM和特殊功能寄存器保持掉电前的数值，各个I/O口外部引脚的电平状态由其对应的特殊功能寄存器的值决定，ALE和PSEN引脚为低电平。退出掉电模式的唯一方式是硬件复位。（说明：随着单片机技术的发展，某些高端的51系列单片机出现了一些新的低功耗工作模式，具体可看对应单片机的数据手册。）

（四）单步执行方式和编程方式

单步执行方式是让单片机在一个外部脉冲信号控制下执行一条指令，然后等待下一个脉冲信号，通常用于调试程序。内部有程序存储器的51系列单片机还有编程方式，在该方式下可以使用编程器、ISP下载线等工具对该单片机进行编程。（说明：现在51系列单片机的内部程序寄存器可以是EPROM，也可以是FLASH；编程方式可以使用编程器、下载线等。）

三、单片机的最小系统

单片机最小系统包括单片机及其所需的必要电源、时钟、复位等部件，它能使单片机处于正常的运行状态。电源、时钟等电路是使单片机运行的必备条件，可以将最小系统作为应用系统的核心部分，对其进行存储器扩展、加扩展等。51系列单片机最小系统的功能主要有：①运行用户程序；②用户复位单片机；③相对强大的外部扩展功能。51系列单片机最小系统的结构如图2-14所示。

图2-14　51系列单片机最小系统的结构

51系列单片机最小系统电路原理图如图2-15所示，单片机各个引脚被引出，电源、时钟和复位等电路与单片机固定连接，实现单片机的正常运行。

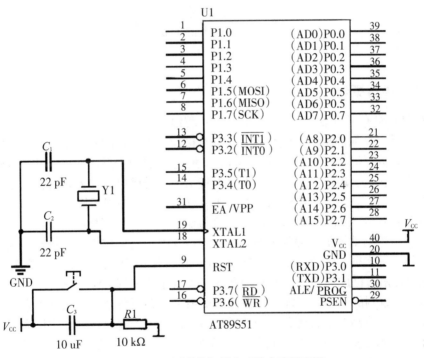

图2-15　51系列单片机最小系统电路原理图

从图2-15可以看出，51系列单片机最小系统电路包括单片机、晶振电路、复位电路和电源电路。其中，电源电路实际上就是在40脚接5 V电源，20脚接地线。对于控制引脚$\overline{EA}$的接法，当$\overline{EA}$为高电平时，单片机从内部程序存储器取指令；当$\overline{EA}$为低电平时，单片机从外部程序存储器取指令。AT89S51单片机内部有4 KB可反复擦写1000次以上的程序存储器，因此把$\overline{EA}$接到+5 V高电平，让单片机运行内部的程序，这样就可以通过反复烧写来验证程序了。

第三章　单片机C51基础知识

在单片机应用开发中，C语言以其高效、灵活的特性成为最常用的编程语言之一。C51作为针对51系列单片机的C语言扩展，不仅保留了标准C语言的核心语法，还结合硬件特性进行了优化，为嵌入式系统开发提供了强大的支持。

本章将系统介绍C51的基础知识，从基本语法、运算符、变量定义到程序设计方法，逐步引导读者掌握单片机C语言编程的核心知识，为后续的开发与实践奠定基础。

第一节　C51概述

一、C51语言概述

51系列单片机有汇编语言和C51语言两种编程语言。

汇编语言是一种面向机器的编程语言，能直接操作单片机的硬件系统，如存储器、I／O端口、定时／计数器等。其具有指令效率高、执行速度快的优点，在实时性要求较高的场合有着不可替代的作用。但汇编语言属于低级编程语言，程序可读性差，移植困难，而且编程时还必须具体组织、分配存储器资源和处理端口数据，因而编程工作量很大。

C51语言是为51系列单片机设计的一种高级编程语言，属于标准C语言的一个子集，具有可读性强、易于调试维护、编程工作量小的特点。由于允许直接访问物理地址，能直接对硬件进行操作，可实现汇编语言的部分功能，因而兼有高级语言和低级语言的特点，适用范围广。目前C51语言已成为51系列单片机程序开发的主流编程方法之一。

C51语言所编制的源程序不能直接被计算机识别，必须转换成可执行语言（或称目标代码）后才能执行。将高级语言源程序全部转换为目标代码后再执行的方式称为编译型执行方式（而采用将源程序边转换、边执行的方式称为解释型执行方式）。C51源程序采用编译型执行方式，产生的目标代码可以脱离C51编程环境独立执行，程序执行速度快，代码效率高。对C51源程序进行编译及其后续处理的软件开发工具种类繁多，不同软件开发工具在功能、性能和操作友好性方面存在较大差异。本书推荐使用的是Keil软件开发工具包，熟悉并掌握Keil软件的使用方法对学习C51编程乃至51系列单片机的开发应用都具有非常重要的意义。由于C51语言与标准C语言仅在数据结构、中断处理以及扩展端口寻址等方面存在较大差异，对于已有C语言基础的读者而言，只需掌握这些差异内容即可进行单片机C51编程了。

二、C51的基本执行语句

通常认为，执行语句是由表达式语句、选择语句和循环语句3类基本语句组成，C51编译器可将它们转换为单片机硬件可以执行的机器码指令。

（一）表达式语句

要理解表达式语句，必须首先正确理解表达式的概念。C51表达式是指由运算对象（常量或变量）与运算符组成的关系式。其中，常量是指程序运行中其值不能改变的量，变量是指程序运行中其值可以改变的量，运算符则是能告诉编译器执行特定数学或逻辑操作的符号。如c+5*Icdatl、20／350-stat或templ=80等都可以成为C51的合法表达式。C51表达式的形式灵活多样，甚至其中的运算符也是可以省略的，一个常量或一个变量也可以作为一个表达式。如123.75、value10或num8等都可以成为C51的合法表达式。

C51中有6类运算符，分别是算术运算符、关系运算符、逻辑运算符、位运算符、复合赋值运算符和杂项运算符。与这些运算符相对应的表达式有算术表达式、关系表达式、逻辑表达式、位表达式、复合赋值表达式和杂项表达式。以下采用归纳法（见表3-1～表3-5所列）介绍常用的运算符与相关表达式。

表3-1　算术运算符及算术表达式

运算符	算术运算符的功能描述	算术表达式的一般形式	设 a=2，b=1
+	两边表达式的值相加运算	表达式1+表达式2	算术表达式a+b值为3
−	两边表达式的值相减运算	表达式1−表达式2	算术表达式a−b值为1
*	两边表达式的值相乘运算	表达式1*表达式2	算术表达式a*b值为2
/	两边表达式的值相除运算	表达式1/表达式2	算术表达式a/b值为2
%	两边表达式的值取余运算	表达式1%表达式2	算术表达式a% b值为0
++	自增运算，表达式的值加1后再赋给表达式	++表达式 （相当于表达式+=1）	自增运算表达式++a值为3
——	自减运算，表达式的值减1后再赋给表达式	——表达式 （相当于表达式−=1）	自减运算表达式——a值为1

表3-1中，要求两个运算对象的称为双目运算符，要求一个运算对象的称为单目运算符。表中的自增运算符有两种用法，包括++a和a++，前者是在使用a之前，先使a的值加1，而后者是在使用a之后，使a的值加1。以下两条例句可以说明这种关系，设a的原值等于2。自减运算符类似。

（1）j=++a（a的值先变成3，再赋给j，j的值为3）。

（2）j=a++（先将a的值2赋给j，j的值为2，然后a变为3）。

表3-2 关系运算符与关系表达式

运算符	关系运算符的功能描述	关系表达式的一般形式	设a=2，b=1
==	检查==两边表达式的值是否相等，如是则关系表达式值为真	表达式1==表达式2	关系表达式a==b值为0
!=	检查!=两边表达式的值是否不相等，如是则关系表达式值为真，反之为假	表达式1!=表达式2	关系表达式a!=b值为1
>	检查左表达式的值是否大于右表达式的值，如是则关系表达式值为真，反之为假	表达式1>表达式2	关系表达式a>b值为1
<	检查左表达式的值是否小于右表达式的值，如是则关系表达式值为真，反之为假	表达式1<表达式2	关系表达式a<b值为0
>=	检查左表达式的值是否大于等于右表达式的值，如是则关系表达式值为真，反之为假	表达式1>=表达式2	关系表达式a>=b值为1
<=	检查左表达式的值是否小于等于右表达式的值，如是则关系表达式值为真，反之为假	表达式1<=表达式2	关系表达式a<=b值为0

表3-2中，真和假也可分别用1和0表示。还需要注意"="与"=="的区别："="是赋值运算符，而"=="是测试相等运算符。后者只是对该符号两边的表达式进行测试和比较，不进行赋值，因而两者不能混淆。

表3-3 逻辑运算符与逻辑表达式

运算符	逻辑运算符的功能描述	逻辑表达式的一般形式	设a=2，b=1
&&	逻辑与运算，如果两个表达式的值都非零，则逻辑表达式值为真，反之为假	表达式1&&表达式2	逻辑表达式a&&b值为1
||	逻辑或运算，如果两个表达式中至少有一个非零，则逻辑表达式值为真，反之为假	表达式1||表达式2	逻辑表达式a||b值为1
!	逻辑非运算，如果表达式为真，则逻辑表达式值为假	!表达式	逻辑表达式!（a>b）值为0

表3-4 位运算符与位表达式

运算符	位运算符的功能描述	位表达式的一般形式	设a=2，c=10011110B（158）
<<n	左移n位运算	表达式<<n	位表达式c<<1值为111100B
>>n	右移n位运算	表达式>>n	位表达式c>>1值为1001111B
&	按位与运算	表达式1&表达式2	位表达式c&a值为10B
|	按位或运算	表达式1|表达式2	位表达式c|a值为10011110B
~	按位取反运算	~表达式	位表达式~c值为1100001B
^	按位异或运算	表达式1^表达式2	位表达式c^a值为10011100B

表3-4中，位表达式c<<1的值是111100B，而c的值并未改变，仍是10011110B。以上类似的概念均需这样理解。

表3-5　复合赋值运算符与复合赋值表达式

运算符	复合赋值运算符的功能描述	复合赋值表达式的一般形式	设a=1,b=2,c=3
+=	加法赋值运算，右表达式的值加上左表达式的原值后再赋给左表达式	左表达式+=右表达式	加法赋值表达式c+=a值为4
—=	减法赋值运算，左表达式的原值减去右表达式的值后再赋给左表达式	左表达式—=右表达式	减法赋值表达式c—=a值为2
*=	乘法赋值运算，右表达式的值乘以左表达式的原值后再赋给左表达式	左表达式*=右表达式	乘法赋值表达式c*=a值为3
/ =	除法赋值运算，左表达式的原值除以右表达式的值后再赋给左表达式	左表达式 / =右表达式	除法赋值表达式c / =a值为3
%=	求余赋值运算，左表达式的原值除以右表达式后的余数值再赋给左表达式	左表达式%=右表达式	求余赋值表达式c%=a值为0
<<=	左移n位赋值运算，表达式的原值左移n位后再赋值给表达式	表达式<<=n	左移赋值表达式c<<=2值为1100B
>>=	右移n位赋值，表达式的原值右移n位后再赋值给表达式	表达式>>=n	右移赋值表达式c>>=2值为0
&=	逻辑与赋值运算，左表达式的原值与右表达式值相与后再赋值给左表达式	左表达式&=右表达式	逻辑与赋值表达式c&=b值为10B
|=	逻辑与赋值运算，左表达式的原值与右表达式值相或后再赋值给左表达式	左表达式|=右表达式	逻辑或赋值表达式c|=b值为11B
!=	逻辑非赋值运算，左表达式的原值取反后再赋值给左表达式	!表达式	逻辑非赋值表达式!c值为11111100B
?:	条件赋值运算，如果表达式1为真，则表达式2赋值给表达式0，否则表达式3赋值给表达式0	表达式0=表达式1? 表达式2:表达式3	条件赋值表达式c=(a>b)? a:b值为2

复合赋值运算符是在赋值运算符之前加上算术运算符或逻辑运算符形成的。表中最后一行的条件赋值运算符是一个三目运算符，可将3个运算对象连接在一起。

当一个表达式中有多个运算符参加运算时，需要考虑运算符的优先级问题，多运算符的优先级一览表见表3-6所列。

表3-6 多运算符的优先级一览表

序号	表达式	优先级
1	()（圆括号），[]（数组下标），.（结构成员），->(结构指针成员)	最高
2	!（逻辑非），~（位取反），-（负号），++（自增），--（自减），&（取变量地址）	↑
3	*（指针），type（函数说明），sizeof（长度计算）	↑
4	*（乘），/（除），%（取模）	↑
5	+（加），-（减）	↑
6	<<（位左移），>>（位右移）	↑
7	<（小于），<=（小于等于），>（大于），>=（大于等于）	↑
8	==（等于），!=（不等于）	↑
9	&（位与）	↑
10	^（位异或）	↑
11	|（位或）	↑
12	&&（逻辑与）	↑
13	||（逻辑或）	↑
14	=（赋值），+=（赋值加），-=（赋值减）	↑
15	,（逗号运算符）	最低

表3-6列出的优先级是从上向下降低的，同一行中则是从左到右降低的，即遵循左结合优先原则。

虽然熟知运算符的优先级是有意义的，但在编程中，为了避免错误，建议读者多使用圆括号来避免出现优先级错误。如~a*b袖表示先对a取反，再和b相乘。该例中，如果不能熟记优先级次序，很可能理解为先求a*b，再对结果取反，因此该表达式最好写成（~a）*b。

又如，x+y<<3表示先求x+y的和，再对结果左移3位。但是在阅读代码时很有可能错误地理解为先对y左移3位，再加x。因此，如能写成（x+y）<<3，则会避免可能的困惑采用。

总之，尽管（）在上述情况下是多余的，但却能极大地增加表达式的可读性，因而使得初学者在了解了表达式的概念后，表达式语句就变得很容易理解了，即表达式语句是由表达式加分号构成的完整语句，任何表达式都可以加上分号而成为表达式语句。如下面都是合法的式语句。

```
a=3;
i++;
x+y;
```

多个表达式语句用花括号{}括起来后就形成了语句组（或称为复合语句、语句块）。如下面是一个语句组。

```
{
    a=3;
    i++;
    c=x+y;
}
```

注意：语句组中的各条语句都必须以分号结尾，但结尾 > 后不能加分号。在程序中应把语句组看成单条语句，而不是多条语句。

（二）选择语句

在处理实际问题时，常常会遇到各种逻辑判断或条件选择的问题，程序设计需要根据给定的条件进行判断，从而选择不同的处理路径。在C51中，选择语句有if和switch两种语句类型，而if语句类型又有3种不同语句形式，即基本if语句、if-else语句和if-else-if语句。

1. 基本if语句

基本if语句的格式如下：

```
if（表达式）
{
        语句组;
}
```

if语句中的表达式可以是关系表达式、逻辑表达式，甚至是数值表达式。if语句的执行过程是：当表达式的结果为真时，执行语句组，否则跳过语句组继续执行下面的语句，执行流程如图3-1所示。

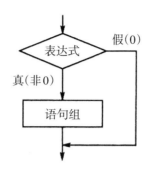

图3-1　if语句的执行流程图

注意：如果语句组中只有一条语句，则语句组前后的{}都可省略（后同），可化简为

if（表达式）语句；

2. if-else 语句

if-else语句的格式如下：

if（表达式）语句1；
else 语句2；

if-else语句的执行过程是：当表达式的结果为真时，执行语句组1，然后跳过else和语句组2继续执行下面的语句；否则执行语句组2，然后继续执行下面的语句。执行流程如图3-2所示。

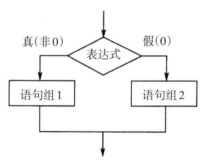

图3-2　if-else语句的执行流程图

注意：如果语句组1和语句组2中都只有一条语句，则if-else语句可简化为

if（表达式）语句1；
else 语句2；

例3-1：试分析以下条件赋值语句的功能，进行仿真验证并指出，当x值分别为12和8时，相应的两个y值各是多少？

y=（10>x）? 10：5；

分析：该语句是利用条件表达式（10>x）作为判断依据，由此决定y值的赋值结果。当x=12时，表达式（10>x）为假，因而y值应为5；当x=8时，表达式（10>x）为真，因而y

值应为 10。实际上这条语句的另一种表达方式为

```
if（10>x）y=12;
    else y=5;
```

为了检验例3-1的效果，也为了尽快熟悉μVision5的使用，可以在例3-1的基础上创建以下源程序。

```
int y1，y2，x=12;        //定义变量y1、y2和x，且x=12
main（void）            //主函数
{ y1=（10>x）? 10：5;     //条件赋值语句
  x-=4;                //x=8
  y2=（10>x）? 210：5;    //条件赋值语句
  x=0;                 //程序结束行
}
```

该程序中加入了一条新语句"inty1，y2，x=12;"，它的作用是定义y1、y2和x三个整型变量，且使x初值为12，／／后面是不会产生操作动作的注释语句。

3. if-else-if 语句

if-else-if语句是由if-else语句组成的嵌套，用于实现多个条件分支的选择，其一般格式如下：

```
If（表达式1）
    {
    语句组1;
    }
else if（表达式2）
    {
    语句组2;
    }
else if（表达式n）
    {
    语句组n;
    }
    else
    {
    语句组n+1;
    }
```

if-else-if语句的执行过程：依次判断"表达式i"的值，当"表达式i"的值为真时，执行其对应的语句组i，然后跳过剩余的if语句组，继续执行该语句下面的一个语句。如果所

有表达式的值均为假，则执行最后一个else后的语句组n+1，然后再继续执行其下面的语句，执行流程如图3-3所示。

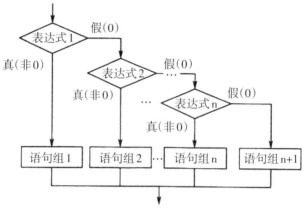

图3-3　if-else-if语句的执行流程图

例3-2：根据以下数学关系式，指出下列哪个程序段是正确的。

$$y=\begin{cases}-1 & (x<0) \\ 0 & (x=0) \\ 1 & (x>0)\end{cases}$$

程序1：　　　　　　程序2：
if（x<0）y=-1;　　　　if（x>-0）
else　　　　　　　if（x>0）y=1;
　　if（x=0）y=0;　　　　　else y=0;
　　else y=1;　　　　　else y=1;

程序3：　　　　　　程序4：
y=-1;　　　　　　y=0;
if（x!=0）　　　　　if（x>=0）
　　if（x>0）y=1;　　　　if（x>0）y=1;
　　else y=0;　　　　　else y=-1;

分析：程序1和程序2都采用if-else语句形式，不同的是程序1是在else中又嵌套了一个if-else语句，程序2是在if中又嵌套了一个if-else语句，这两个结果都是正确的。程序3和程序4都不完全符合题意，故都是错误的。

4. switch语句

if语句类型一般用于单一条件或分支数目较少的场合，如果使用if语句来编写超过3个分支的程序，就会降低程序的可读性。C51中提供了一种用于多分支选择的switch语句，其一般形式如下：

```
switch（表达式）
{
    case 常量 1：语句组 1；break；
    case 常量 2：语句组 2；break；
    …
    case 常量 n：语句组 n；break；
    〔default：语句组（n+1）;〕
}
```

　　switch语句中表达式的值为常量，其执行过程是：首先计算表达式的值，并逐个与case后面的常量相比较。当表达式的值与某个常量的值相等时，则执行该常量后面的语句组和break语句，然后跳出switch结构，继续执行下一条语句。如果表达式的值与所有case后的常量值均不相同，则执行default后的语句组，然后继续执行下一条语句。switch语句的执行流程如图3-4所示。

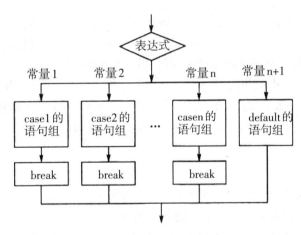

图3-4　switch语句的执行流程图

　　注意：使用switch语句有以下几点需要说明。

（1）switch后面表达式的值可以是数值，也可以是字符。

（2）case后面的常量只起标号作用，仅用来标志一个位置。

（3）case后面的语句组可以不用{}括起来，如case0：P1_0，P1_1=0，break；。

（4）default标号可以省略，表示流程转到switch语句后的下一条语句。

（5）break语句的作用是跳出switch循环体，转移到后面的语句处继续执行。但如果只是要束缚本次分支循环，而转入下一次循环，则要用到continue语句。除switch、break语句之外，还有第3种转移语句，且goto语句，其一般格式为"goto语句标号；"。在使用该语句时，被转移到的语句前面也要放置相同语句标号（并加"："）。

例3-3：试分析如下源程序，验证并指出源程序的功能与结果。

```
int value，key=1；          //定义 value 和 key
main（void）                //主函数
{
next：switch（key）
{ case 1：value=11；break；
  case 2：value=35；break；
  case 3：value=72；break；
  default：goto end；
}
key++；
goto next；
end：key=0；                //便于调试运行使用
}
```

分析：不难看出，这个程序的核心是switch语句结构。借助语句key++可使key从1开始增大，当key分别等于1、2、3时，value分别等于11、35、72；利用goto语句和default配合可实现简单循环控制，当key大于3后可引导程序跳转到结束行。

运行结果与解题分析结果完全一致，例3-3顺利完成。需要说明的是，在结构化程序设计中一般不建议使用goto语句，因为它容易造成程序流程混乱，产生程序理解和调试困难问题。实际上，接下来将介绍的循环语句便是控制转移的较好办法。

（三）循环语句

在结构化程序设计中，循环结构是一种很重要的程序结构，几乎所有的应用程序都包含循环结构。循环结构的作用是：对给定的条件进行判断，当给定的条件，如关系表达式、逻辑表达式或数值表达式成立（值为真）时，就重复执行给定的语句组，直到条件不成立为止。给定的条件称为循环条件，重复执行的语句组称为循环体。在C51中，可用3种语句来实现循环结构：while语句、do-while语句和for语句，下面分别对它们进行介绍。

1. while语句

while语句用来实现"当型"循环结构，即当条件为真时就执行循环体。while语句的一般形式为。

```
while（表达式）
  {
  语句组；
  }
```

该语句的执行过程是：首先计算表达式的值，若为真，就执行循环体语句组。在循环体执行一次后，重新进行循环条时刻判断，若值仍为真则继续循环，若值为假则退出while循环结构，执行语句组后面的语句。while语句的执行流程如图3-5所示。注意两个极端情况：如果循环条件一开始就为假，如while（0），就会直接跨过while后面的循环体，一次循环都不会执行；如果循环条件总是为真，如while（1），则为无限循环，即死循环。

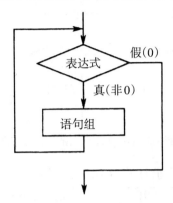

图3-5 while语句的执行流程图

例3-4：试分析以下源程序，验证并指出源程序的功能与结果。

```
int i=1,sum=0;           //定义变量
main()                   //主函数
{   while(i<=100)        //循环控制
        { sum=sum+i;     //sum 累加
         i++;            //i值刷新
        }
}
```

分析： 可以看出i<=100为while语句的循环条件。在循环执行的语句组内，i的数值被不断加1，sum的值则被不断累加。循环过程一直持续到i>100时为止，此时，sum中存放的是1+2+…+100的累加和（即5050），因而该程序具有1～100的累加功能。

2. do-while 语句

除上述的while语句外，C51还提供了用do-while语句来实现循环结构。do-while语句的一般形式为

```
do
{
    语句组；
} while（表达式）；
```

do-while语句的执行过程是：先执行一次语句组，然后检查while后面表达式的值。当表达式为真时就返回再执行一次语句组，直到表达式为假时跳出while结构，结束循环过程。do-while语句的执行流程如图3-6所示。

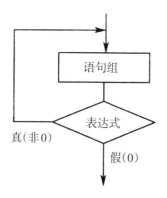

图3-6 do-while语句的执行流程图

例3-5：试分析以下源程序，验证并指出源程序的功能与结果。

```
        int i=1,sum=0;           //定义变量
         main( )                 //主函数
    {   do                       //do-while 循环
            {  sum=sum+i;        //sum 累加
               i++;              //i 值刷新
            }while(i<=100);      //循环控制
            i=0;                 //结束行
    }
```

分析：进入循环体后，先执行一次sum累加运算和 i 递增运算，然后计算关系表达式（i<=100）的值。显然，只有当语句组循环100次（i=101）后才能使该表达式的值为假，从而跳出do-while语句，因而该程序同样具有1～100的累加功能。

同样一个问题，既可以用while语句，也可以用do-while语句来实现，二者的循环体是相同的，运算结果也相同。不过，由于do-while语句是先执行后判断，而while语句是先判断后执行，因而，在关系表达式一开始就为假时，前者会执行一次循环体内容，而后者一次也不会执行，两者在功能上还是有差异的。

3. for语句

for语句用来实现执行若干次循环的功能，for语句的一般形式为

```
        for（〔表达式1〕;〔表达式2〕;〔表达式3〕）
        {
        语句组;
        }
```

for后面通常包括3个表达式，它们依次为循环变量初值、循环条件和循环变量修改，3个表达式之间用";"隔开。for语句的执行过程如下。

（1）计算表达式1。

（2）计算表达式2，若值为真，则执行语句组，然后执行（3）；若值为假，则结束循环，转到（5）。

（3）计算表达式3。

（4）转回（2）继续执行。

（5）循环结束，执行for语句下面的语句。

以上过程用流程图表示如图3-7所示。

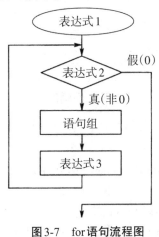

图3-7　for语句流程图

例3-6：试分析以下源程序，验证并指出源程序的功能与结果。

```
int i=1,sum=0;          //定义变量
main()                  //主函数
{  for(i=1;i<=100;i++)  //for循环体
     sum=sum+i;         //sum累加
}
```

分析：上述程序的执行过程是：先给i赋初值1，接着判断i是否小于等于100。若是，则执行一次循环体中的"sum=sum+i;"。在i值自动增值后再重新判断i是否小于等于100。如此往复进行直到i=101时，表达式i<=100不再成立，循环结束。因而该程序同样具有1～100的累加功能。

对比例3-3～例3-5中的3种循环结构，显然用for语句结构更加简捷，除可以给出循环条件外，还可以给循环变量赋初值，并使循环变量自动增值等。for语句的用法比较灵活，其后的3个表达式都是可省略项，但必须保留其间的";"。以下仍以计算累加和为例，对for语句的特殊用法加以说明。

（1）如果省略了第1个表达式，表明循环变量将使用当前值作为初值，执行for语句时将跳过求解表达式1，直接进行下一步。如：

```
for(;i<=100;i++)        sum=sum+i;
```

（2）如果省略了第2个表达式，则不判断循环条件，也就是认为表达式2始终为真，循环将无终止地进行下去。如：

```
for(i=1;i++)            sum=sum+i;
```

（3）如果省略了第3个表达式，循环也将无终止地进行下去。若想让循环正常结束，可将i++的操作放在循环体内，效果是相同的。如：

```
for(i=1;i<=100;)          sum=sum+i;i++;
```

（4）如果3个表达式都被省略，则表明没有设置初值，无须判断循环，循环变量不变。此时其作用相当于while（1），构成了无限循环过程。如：

```
for（;;）      sum=sim+i;
```

⑤for语句后面的语句组也可以是一条空语句，即只有一个分号"："，此时循环体不做任何操作，只是占用一段CPU机时，相当于软件延时。如：

```
for(i=1;i<=100;i++);
```

关于循环语句，还有以下几点说明。

（1）与前面讨论过的if、if-else和if-else-if语句中的嵌套结构相似，while、do-while和for语句的循环体中也可以进行自身嵌套或相互嵌套，形成多层循环嵌套。

（2）除了循环条件为假时可以结束for循环过程，利用break语句和continue语句也能干预for循环的进行程度，这相当于使switch和for语句结构有了新的出口。

例3-7：试分析以下源程序，验证并指出源程序的功能与结果。

```
int i,j,sum1=0,sum2=0;          //定义变量
main( )                         //主函数
{   for(i=1;i<=100;i++)         //i循环体
        {if(sum1+i>3000)break;  //若sum1大于3000结束i循环
        sum1=sum1+i;            //sum1累加
        }
        for(j=1;j<=100;j++)     //j循环体
        {  if(j%2!=0)continue;  //若j为奇数越过下条语句
            sum2=sum2+j;        //sum2累加
        }
}
```

分析：两个for循环都在计算1～100的整数累加和，只是前者是计算加和值小于3000的最大sum1值，而后者则在计算只有偶数参与的加和值sum2。

break语句和continue语句的差别是很大的：break语句可提前结束整个循环过程，完全跳出循环体执行循环结构下面的语句；而continue语句只是提前结束了本次循环，不是跳出整个循环体，而是继续进行循环变量增值后的下一次循环。

4. 注释语句

随着程序功能的增加，程序文件个数会越来越多，层次也会越来越细，如果没有一个好的注释风格和注释习惯，即使是自己写的程序，时间一久也可能会很难看懂。下面介绍两种注释语句的用法。

（1）以"／／"开始的单行注释。这种注释可以单独占一行，也可以出现在一行中其他

内容的右侧。这种注释的范围从"／／"开始，以换行符结束，即注释不能跨行。如果注释内容一行写不下，可以用多个单行注释。

（2）以"／＊"开始，以"＊／"结束的块式注释。这种注释可以包含多行内容，它可以单独占据一行（在行开头以"／＊"开始，行末以"＊／"结束），也可以包含多行。编译系统在发现一个"／＊"后，会开始找注释结束符"＊／"，把两者间的内容作为注释。如下面源程序中采用了两种注释方法。

```
/
************************************************/
/*                例题                */
/
************************************************/
sfr P1=0×90；              //定义P1
sbit P1_0=P1^0；          //定义P1_0
main（）                    //主函数
{
    while（1）P1_0=!P1_0；    //P1_0交替取反
/*程序结束*/
```

一般来讲，单行注释多用在程序行中，对语句进行解释或说明，块式注释多用在程序或函数头部，对其功能进行整体说明。两种注释方法效果基本相同，可以灵活使用。

三、C51赋值运算符及其表达式

1. 简单赋值运算符及其表达式

简单赋值运算符记为"="，由"="连接的式子称为赋值表达式。在赋值表达式的后面加一个分号（；）就构成了赋值语句，赋值语句的格式如下：

> 变量=表达式；

执行时把右边表达式的值赋给左边的变量，示例如下：

```
x=5；          //将5的值赋给变量x
x=5+8；        //将5+8的值赋给变量x
```

2. 复合赋值运算符及其表达式

在赋值运算符=之前加上其他双目运算符可构成复合赋值运算符。如+=、—=、*=、／=、%=、<<=、>>=、&=、^=、|=等，构成复合赋值表达式语句的格式如下：

> 变量 双目运算符=表达式；（它等同于变量=变量 双目运算符 表达式；）

示例如下：

```
a+=b;        //等同于a=a+b;
a-=b;        //等同于a=a-b;
a*=b;        //等同于a=a*b;
a/=b;        //等同于a=a/b;
a%=b;        //等同于a=a%b;
a<<=b;       //等同于a=a<<b;
a>>=b;       //等同于a=a>>b;
a&=b;        //等同于a=a&b;
a^=b;        //等同于a=a^b;
a|=b;        //等同于a=a|b;
```

四、C51算术运算符及其表达式

C51的算术运算符有：加（+）、减（−）、乘（*）、除（／）、求余（或称求模，%）、自加（++）、自减（——）。其中，加、减、乘运算相对比较简单，接下来简单介绍一下除、求余、自加和自减运算。

（1）除运算和我们数学上的除法运算是不完全一样的。在C语言中，除运算要考虑数据的类型，如相除的两个数为浮点数，则运算的结果也为浮点数；如相除的两个数为整数，则运算的结果也为整数，即为整除。如1／2这个是整数除法，结果不是0.5，而是0，即取了整数部分；1.0／2的结果才是0.5。如果想得到一个浮点数的结果，就要考虑让两个操作数至少有一个是浮点数。

（2）求余运算要求参加运算的两个数必须为整数，运算结果为它们的余数。如a=7%3，那么a的值为1。

（3）自加运算符是进行自增（增1）运算，自减运算符是进行自减（减1）运算。两者分别有两种书写形式：j++（即j先计算，然后自加1），++j（即j先自加1，然后计算）；j——（即j先计算，然后自减1），——j（即j先自减1，然后计算）。

在C51算术运算符中，乘、除、求余运算符的优先级相同，并高于加、减运算符。在表达式中若出现圆括号，则圆括号中的内容优先级最高。

五、C51关系运算符及其表达式

关系运算符反映的是两个表达式之间的大小关系，C51中有6种关系运算符：大于（>）、小于（<）、等于（==）、大于等于（>=）、小于等于（<=）和不等于（!=）。

当两个表达式用关系运算符连接起来时，称为关系表达式。关系表达式用来判断某个条件是否满足。要注意的是，关系运算符运算的结果只有0和1两种，成立为真（1），不成立为假（0）。如6>4，结果为真（1），而9>10，结果为假（0）。

关系表达式的一般形式如下：

表达式1 关系运算符表达式2

关系运算符的优先级规定为<、>、<=和>=的优先级相同，==和!=的优先级也相同，但前4种优先级高于后两种。关系运算符的优先级低于算术运算符，但高于赋值运算符。在表达式中若出现圆括号，则圆括号中的内容优先级最高。

示例如下：

```
a>b+c;        //等同于a>（b+c）
a>b! =c;      //等同于（a>b）!=c
c==a<b;       //等同于c==（a<b）
c=b>a;        //等同于c=（b>a）
```

六、C51逻辑运算符及其表达式

逻辑运算符是用于求条件式的逻辑值，C51中有逻辑与（&&）、逻辑或（||）和逻辑非（!）3种逻辑运算符。

用逻辑运算符将关系表达式或逻辑量连接起来就是逻辑表达式，逻辑运算的结果并不表示数值大小，而是表示一种逻辑概念，若成立用真或1表示，不成立用假或0表示。

运算符的优先级规定为!运算符优先级最高，算术运算符次之，关系运算符再次之，之后是&&和||，赋值运算符的优先级最低。

当表达式进行&&运算时，只要有一个为假，总的表达式就为假，只有当所有都为真时，总的表达式才为真。

如5>0&&8>0，因为5>0为真，8>0也为真，两边的结果都为真，所以它们相与的结果也为真。

当表达式进行||运算时，只要有一个为真，总的值就为真，只有当所有的都为假时，总的式子才为假。

如5>0||4>6，虽然4>6为假，但是5>0为真，所以它们相或的结果也为真。

逻辑非（!）运算的运算规则：若原先为假，则逻辑非以后为真；若原先为真，则逻辑非以后为假。

如!（3>0），其结果为假。

七、C51位运算及其表达式

在对单片机进行编程的过程中，位运算是经常出现的。位运算符有按位与（&）、按位或（|）、按位异或（^）、按位取反（～）、位左移（<<）、位右移（>>）。位运算对象只能是整型或字符型数，不能为实型数。

（1）按位与运算符（&）是指参加运算的两个数据按二进制位进行与运算。与运算是实现"必须全有，否则就没有"逻辑关系的一种运算。原则是全1为1，有0为0，即0&0=0，0&1=0，1&0=0，1&1=1。

如a=5&3，按二进制位进行与运算：a=（0101）&（0011）=0001=1。

（2）按位或运算符（|）是实现"只要其中之一有，就有"逻辑关系的一种运算。原则是参与或操作的两个位，只要有一个为1，则结果为1，也就是有1为1，全0为0，即0|0=0，0|1=1，1|0=1，1|1=1。

如a=0x50|0x0F？，按二进位进行或运算：a=（0101 0000）|（0000 1111）=（0101 1111）=0x5F。

（3）按位异或运算符（^）是实现"必须不同，否则就没有"逻辑关系的一种运算。当参与运算的两个位相同（1与1或0与0）时结果为0，不同时结果为1。也就是相同为0，不同为1，即0^0=0，0^1=l，1^0=1，1^l=0。

如a=0x55^0x5F，按二进位进行按位异或运算，a=（0101 0101）^（0101 1111）=（0000 1010）=0x0A。

（4）按位取反运算符（～）是实现求反逻辑关系的一种运算，取反运算符为单目运算符，即它的操作数只有一个。它的功能就是对操作数按位取反，是1得0，是0得1，即～1=0，～0=l。

如a=0xFF，根据二进制位，即a=1111 1111，按位取反a=～a=0000 0000。

（5）位左移运算符（<<）用来实现一个数的各二进制位全部左移n位，低位（右侧）空出的位置用0填补，高位左移溢出则舍弃该高位。

如将1010 0011左移2位，即1010 0011<<2=1000 1100。

（6）位右移运算符（>>）用来实现一个数的各二进制位全部右移n位，低位右移溢出则被舍弃，对于无符号数，高位补0。

如将1010 0011右移2位，即1010 0011>>2=0010 1000。

第二节　C51的变量

一、变量概述

如前所述，在程序执行过程中，数值可以发生改变的量称为变量。变量的基本属性是变量名和变量值。一旦在程序中定义了一个变量，C51编译器就会给这个变量分配相应的存储单元，从而将变量名与存储单元的地址捆绑在一起，若存储单元中放置不同的内容，变量就会有不同的值。在图3-8所示的程序中，通过引用变量a实现了对分配内存20H单元的数据操作。

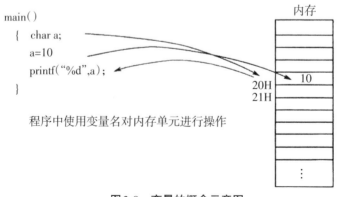

图3-8　变量的概念示意图

由图 3-8 可见，使用变量的过程就是通过变量名找到相应的内存地址，从而对该存储单元进行数据读取的操作过程。以上只是最简单的变量使用情形，实际上使用变量时还要考虑很多因素。如 51 系列单片机是 8 位的存储单元，每个存储单元中可保存的最大数值是 255，如果变量要对应更大的数值，就需要将多个连续地址的存储单元串联起来以便增加位数，这就涉及变量的数据类型问题。又如，51 系列单片机有片内 RAM 和片外 RAM 两种数据存储器，每个存储器都有独立的地址空间。因此，一个地址编号就不再对应唯一存储单元，编译器分配存储单元时需要知道程序员对存储器的要求，这就涉及变量的存储类型问题。此外，由于 51 系列单片机的存储单元数量有限，如果将变量与存储单元永久绑定，就会降低存储单元的利用率，加剧资源紧缺矛盾。如果完全采用临时分配存储单元的动态方案，则又会降低变量使用的方便性。

因此，在使用变量前需要对上述问题进行事先约定，以便对编译器的工作给出指导性原则。这就是变量在使用前必须进行定义或声明的原因。定义一个变量的完整格式如下：

$$〔存储种类〕数据类型〔存储类型〕变量名；$$

这说明变量具有 4 个要素，其中变量名和数据类型是不可缺少的部分。为了便于初学者掌握，下面按照先易后难的顺序逐一进行讨论。

二、变量名

如前所述，变量名的实质是存储单元的地址，变量名在程序中应该具有唯一性（在作用域之外允许变量名重复使用）。C51 中规定，变量名可以由英文字母、数字和下划线 3 种字符组成，且第 1 个字符必须为字母或下划线，变量名长度无统一规定（视编译系统而定），一般不超过 8 个字符，超过部分有可能被编译系统舍弃。

如 sum，_total，month，Student，lotus_3，BASIC，li_ling 都是合法的变量名，而 M.D.John，3D64，a>b 都是不合法的变量名。使用变量名时还应注意以下几点。

（1）编译系统会将大写字母和小写字母认为是两个不同的字符，即变量名是大小写敏感的，如 SUM 和 sum，习惯上变量名用小写字母表示，符号常量标识符用大写字母表示。

（2）在选择变量名时，最好选用有一定含义的英文单词或其缩写作为变量名。

（3）不得选用编译系统规定的关键词作为变量名，其中包括标准 C 语言的 32 个关键字和 C51 扩展的 21 个新关键字。C51 关键字一览表见表 3-7 所列。

表 3-7　C51 关键字一览表

分类	关键字				
数据类型	char	double	enum	float	int
	long	short	signed	unsigned	struct
	bit	sfr	sfr16	sbit	const
	double	typedef	union	void	volatile

分类	关键字				
控制语句	for	do	while	if	else
	switch	case	default	goto	continue
	break	return	—	—	—
存储类型	auto	extern	register	static	data
	bdata	idata	pdata	xdata	code
	small	compact	large	—	—
其他	_at_	alien	interrupt	using	far
	priority	reentrant	task	—	—

三、数据类型

如前所述，变量与拟存储的数据格式有关，即与数据类型有关。在C51使用的数据类型中，一部分是由标准C语言传承而来的，另一部分则是C51特有的，以下分两种情况介绍。

（一）由标准C语言传承的数据类型

由标准C语言传承而来的3种基本数据类型为整型数据、字符型数据和浮点型数据。

1. 整型常量与整型变量

C51中有3种常用的整型常量，整型变量可用来存放整型常量。

（1）十进制常量。如123，−456等。

（2）十六进制常量，以0x开头。如0x123，代表十六进制数123。

（3）八进制常量，以数字0开头。如012，代表八进制数12。

整型常量在存储单元中是以二进制补码形式存放的，不同编译系统对整型变量的存储单元分配规则有所不同。C51编译器采用的规则是：每个整型变量（int型）占用2字节共16位存储单元。若用来存放有符号整型常量，则存储单元中最高位被符号位（0为正，1为负）占用，其余15位用来存储数值，可以存放−32 768～+32 767的整数。若用来存放无符号整型常量，则存储单元的全部16位都可用来存放数值，可存放的正数范围比有符号整型常量的正数范围扩大一倍。根据C51规则，任何变量在使用前必须进行定义，以便将程序员关于变量的有关要求告知编译器。

整型变量的一般定义形式为

> 类型说明符 变量名〔=整型常量〕；

其中，类型说明符有两种：unsigned int表示无符号整型变量，signed int表示有符号整型变量（关键词signed可以省略）。等号及其后的整型常量表示为该变量赋初值，这部分内容也可以省略。经过上述定义，无符号整型变量只能存放不带符号的整数，如123、4567等，而不能存放负数，如−123或−3等。

如定义一个初值为123的无符号整型变量a和一个有符号整型变量b可分别用以下定义语句实现：

> unsigned int a=123；
>
> signed int b；（等同于 int b；）

为了存放更大数值范围的整型常量，C51中还设有长整型变量（1ong或long int型）。仿照整型变量的原理，不难理解以下关于长整型变量的描述。

每个长整型变量占用4字节共32位存储单元。若用于存放无符号常量，可以存放0～42 946 967 295的整数；若用于存放有符号常量，可以存放−2 147 483 648～+2 147 483 647的整数。

长整型变量的一般定义形式为

> 类型说明符 变量名〔=长整型常量〕；

其中，类型说明符有两种。unsigned long类型说明符表示无符号长整型变量，signed long表示有符号长整型变量。

如定义一个无符号长整型变量c和一个初值为−10 000的有符号长整型变量d可分别用以下定义语句实现：

> unsigned long c；
>
> long d=−10000；

在书写变量定义语句时，应注意以下几点。

（1）允许在一个类型说明符后，跟随多个相同类型的变量名，各变量名之间用逗号间隔，类型说明符与变量名之间至少用一个空格间隔。

（2）最后一个变量名之后必须以"；"结尾。如 unsigned int a，b，c=0x25；（指定变量a，b，c为无符号整型变量，其中变量c的初值为十六进制数25）；signed int x，y；（指定变量x，y为有符号整型变量）；long e，f；（指定变量e，f为有符号长整型变量）；unsigned long g，h；（指定变量g，h为无符号长整型变量）。

2. 字符型常量与字符型变量

字符型变量可用来存放字符型常量，字符型常量是用单引号括起来的ASCII码字符集中的任意一个字符，如'a'，'A'，'3'，'+'。其中，注意事项有以下几点。

（1）字符型常量只能是单个字符，不能是字符串。

（2）只能用单引号包含，而不能用双引号或其他括号。

（3）字符型变量可记为char型变量，每个char型变量占用1字节，共8位存储单元。若用于存放无符号常量，可以存放0～255的整数；若用来存放有符号常量，则可以存放−128～+127的整数。

（4）字符型常量在存储单元中是以ASCII码的形式存放的。如字符型常量'5'的ASCII码是0x35，它在存储单元中的存放形式是00110101B。由于实际存放值是8位二进制数，因此，也可以将字符型变量看作是单字节的整型变量，用于单字节的数值运算。

字符型变量的定义形式与整型变量基本相同，即

> 类型说明符 变量名〔=字符型常量或8位整数〕；

其中，类型说明符分为unsigned char（无符号字符型变量）和signed char（有符号字符型变量）两种。

如unsigned char ab='X'；（指定变量ab为无符号字符型变量，初值为X，其ASCII码值为十进制数88）。51编译器会根据这一定义，在变量ab对应的存储单元中存入整数88，这与语句unsigned char ab=88的效果是完全一样的。

（5）字符型常量与字符串常量虽然仅有一字之差，但两者是完全不同的，不能混淆。字符串常量是由一对双引号括起的字符序列。如"HAPPY""C program："" $ 12.5"等都是合法的字符串常量。字符串常量只能保存在字符数组中，不存在字符串变量这个概念，对此必须非常清醒。

3. 浮点型常量与浮点型变量

浮点型常量又称为"实型常量"，可以采用小数形式或指数形式表示。如小数形式的实型常量3.141 59，用指数形式可表示为 $0.314\ 159 \times 10^1$，也可表示为 $31.415\ 9 \times 10^{-1}$。由于任何实型常量只要在小数点位置浮动的同时改变指数的值，就能保证它的原值不变，因此指数形式的实型常量也被称为"浮点型常量"。

为了统一浮点型常量的表示形式，C语言中采用了一种规范化的指数形式。仍以3.141 59为例，其规范化指数形式为0.314 159e001，其中，小数部分的格式为小数点前的整数为0，小数点后第1位数字不为0。字符"e"或"E"是阶码标志，其后的有符号整数称为阶码，代表10的阶码次方。

浮点型变量的定义形式与整型变量基本相同，即

> 类型说明符 变量名〔=浮点型常量〕；

浮点型变量的类型说明符为float，每个float型变量占用4字节共32位存储单元。C51编译器会将其中24位用于存放二进制数的小数部分（含符号位），用8位存放二进制数的指数部分（2的幂次方）。float型变量的值域为 $-3.4 \times 10^{-38} \sim 3.4 \times 10^{38}$。由于只用了24位存储小数部分，实际能达到的精确度只有6位（十进制数）有效数字，因而在float值域中实际能存储的最小正数为 1.2×10^{-38}，最大负数为 -1.2×10^{-38}。

由于单片机进行浮点运算的速度和精度远不及整型运算，因而如果不涉及小数点运算问题，应尽量不使用浮点型变量。同理，如果不涉及负数运算，也应尽量不使用有符号型变量。C语言中的数据类型还有很多，但由于51系列单片机的存储器资源有限，那些需要占用大量存储单元的数据类型很难在这里发挥作用，因此，C51中经常使用的只有char、int、long和float这4种数据类型。如果需了解更多C语言的数据类型，可参考其他资料。

（二）C51特有的数据类型

51系列单片机的存储空间与一般微机的存储空间有所不同，这种差异使得C51中具有几种专属的数据类型和变量。

1. bit型变量

51系列单片机中有许多可以按位（bit）进行读写操作的存储单元，每个位存储单元的值只能是0或1。与这些位存储单元相对应的变量称为位型变量或bit型变量。位型变量的一般定义形式与整型变量基本相同，即

> 类型说明符 变量名〔=0或1〕；

其中，类型说明符为bit，可省略的变量初值为0或1。如bit abc=1；（指定变量abc为位型变量，初值为1）。

2. sfr型变量

80C51单片机内部有21个特殊功能寄存器（SFR），除DPTR为16位寄存器外，其余都是8位寄存器，每个SFR都有特定的字节地址，部分SFR中还有独立的位地址。如果要用C51访问这些SFR，其变量的地址就不能由编译器来指定。因此，C51中采用了两种专属的变量类型说明符，即sfr（sfrl6）型变量和sbit型变量。sfr型变量的一般定义形式为

> 类型说明符 变量名=8位地址常量；

其中，类型说明符有两种，用于8位SFR变量定义的是sfr，用于16位SFR变量定义的是sfrl6。其中，不可省略的8位地址常量是指有意义的SFR字节地址。对sfrl6型变量，其8位地址常量是指16位SFR中的低8位字节地址。由于80C51单片机中仅有一个16位的特殊功能寄存器DPTR，因此sfrl6型变量的8位地址常量就是DPI的字节地址0x82，如：

```
sfr P1=0x90;        //指定变量P1为sfr型变量，对应地址为0x90
sfr PSW=0xd0;       //指定变量PSW为sfr型变量，对应地址为0xd0
sfr16 DPTR=0x82;    //指定变量DPTR为sfr16型变量，对应地址为0x82
```

3. sbit型变量

如前所述，sbit是用于定义SFR中具有位地址变量的类型说明符，变量定义可以有以下3种不同的用法：

第1种：sbit位变量名一位地址；

第2种：sbit位变量名=可位寻址的SFR字节地址^相对位置；

第3种：sbit位变量名=可位寻址变量^相对位置。

其中，相对位置是指相对于已定义SFR名称或可位寻址字节地址的位置，0表示最低位。以此类推，以下以定义变量CY为例说明sbit的3种用法，假定CY是PSW的位7（注意不是第7位而是第8位），且其位地址为0xd7。由于已有明确的位地址0xd7，因而可用第1种用法对CY定义。

> sbit CY=0xd7;

由于PSW的字节地址是0xd0，因而也可用第2种用法对CY定义。

$$sbit\ CY=0xd0^{\wedge}7;$$

如果变量PSW已用"sfr PSW=0xd0;"进行定义，则可用第3种用法对CY定义。

$$sbit\ CY=PSW^{\wedge}7;$$

实际上，sbit第3种用法中的"可位寻址变量"并不局限于SFR变量，可以扩大到位于bdata区中的变量，如下面的用法也是合适的。

```
unsigned int bdata j;          //j定义为位于bdata区的整型变量
sbit mybit=j^15;               //mybit定义为j的第16位
```

必须强调的是，这一用法中指定变量（如j）的存储类型必须为bdata，相对位置值则依赖于指定变量的数据类型，char型是0~7，而int型是0~15。另外，还需要注意几点。

（1）虽然bit和sbit定义的都是位型变量，但两者是有很大区别的：bit型变量的位地址是由编译器为其随机分配的（定义时不能由用户指定），位地址范围是在片内RAM的可位寻址区（bdata区）中；而sbit型变量的位地址则是由用户指定的，位地址范围是在可位寻址的SFR单元内（利用bdata限定变量存储类型后，可将位地址范围扩大到bdata区）。

（2）sfr型变量和sbit型变量都必须定义为全局变量，即必须在所有C51函数之前进行定义，否则就会编译出错。如以下用法是错误的。

```
main()
{    sfr P1=-0x90;              //在函数中定义P1
sbit p1_0=P1^0;               //在函数中定义p1_0
…
}
```

正确的用法应该是

```
sfr P1=-0x90;                //在所有函数之前定义P1
sbit p1_0=P1^0;              //在所有函数之前定义p1_0
main()
{
…
}
```

为了减轻编程工作量，C51编译器已对51系列单片机中所有SFR的字节地址进行了sfr变量定义，也对SFR中的部分位地址进行了sbit变量定义，并将这些定义保存在名为"reg51.h"或"reg52.h"的头文件中。如果用户想使用这些预先定义过的变量名，只需在源程序头部添加一条预处理命令"#include<reg51.h>"或"群include<reg52.h>"，就可直接使用变量编程了。

头文件定义的这些 sfr 型变量和 sbit 型变量都采用大写字母的变量名，如 P0、PSW、CY、TF1 等。编程时若使用这些标准变量名，就无须重新定义，但若采用其他变量名或小写字母，则必须按照新变量进行重新定义。显然，当程序中使用较多 SFR 变量时，利用"reg51.h"头文件就能明显减少变量定义语句。

到此为止，C51 中常用的数据类型便介绍完了，C51 常用数据类型一览表见表 3-8 所列。

表3-8　C51常用数据类型一览表

数据类型	类型说明符	长度	域值范围
字符型 （char）	unsigned char	1 B	0～255
	signed char	1 B	−128～+127
基本整型 （int）	unsigned int	2 B	0～655 35
	signed int	2 B	−32 768～+32 767
长整型 （long）	unsigned long	4 B	0～4 294 967 295
	signed long	4 B	−2 147 483 648～+2 147 483 647
浮点型 （float）	float	4 B	-3.4×10^{38}～3.4×10^{38}
	double	8 B	-1.7×10^{308}～1.7×10^{308}
bit 型	bit	1 bit	0，1
sfr 型	sfr	1 B	0～255
	sfr16	2 B	0～65 535
sbit 型	sbit	1 bit	0，1

还需要说明一点，bit 和 unsigned char 这两种数据类型都可以直接支持单片机机器指令，因此代码的执行效率最高，编程时应尽量选用这两种变量。signed char 虽然也只占用 1 B，但 CPU 需要进行额外的操作来测试代码的符号位，这无疑会降低代码效率。使用浮点型变量时，编译系统将调用相应的库函数来保证运算精度，这将增加运算时间和程序代码长度，因此，应尽量避免使用这种数据类型。

四、存储类型

80C51 单片机具有 3 个物理存储空间：片内低 128 BRAM、片外 64 KBRAM 和片内外统一编址的 64 KBROM，对 80C52 单片机还有片内高 128 BRAM 的存储空间。由于存在多存储空间，C51编译器在分配变量地址时必须知道编程者的意图，因而在变量定义时还应当加入存储类型的信息（标准C语言是单一存储空间的编程语言，如X86CPU，无须考虑存储类型问题）。

为了合理使用51系列单片机的存储空间，需要进一步细化存储区域的组成，因此C51将3个物理存储空间细分成6个存储类型区，如图3-9所示。

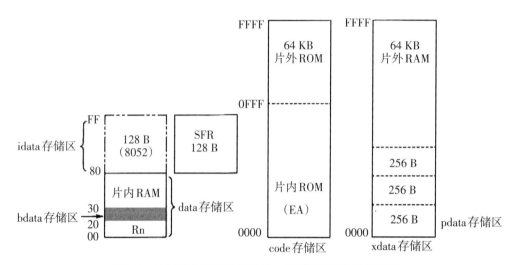

图3-9　51系列单片机存储空间与存储类型的关系示意图

从图3-9中可以看出，片内低128 BRAM空间被划分成idata和bdata两个存储区，8052型单片机专有的高128 BRAM被作为idata存储区，片内外统一ROM空间被作为code存储区，片外RAM空间被划分成xdata和pdata两个存储区。不同存储区各有特点，适合不同类型的变量。C51的存储类型与存储空间对应关系见表3-9所列。

表3-9　C51的存储类型与存储空间对应关系

存储类型	存储空间位置	存储容量	特点说明
data	片内低128 B存储区	128 B	可作为频繁使用的变量或临时性变量
bdata	片内可位寻址存储区	16 B或128 bit	允许位与字节数据的混合访问
idata	片内高128 B存储区	高128 B	只有52系列单片机才有此区
pdata	片外分页RAM	256 B	用于扩展I/O的地址访问
xdata	片外64 KBRAM	64 KB	用于不频繁使用或数量较多的变量
code	程序ROM	64 KB	用于存放数据表格等固定信息

由此可见，变量在定义时，只有将其数据类型和存储类型的信息都展现在变量定义式中，才能确保编译器顺利工作。若要指定变量cc为无符号字符型变量，其存储单元位于片内

低128 BRAM中，初值为0×15，则相应的定义语句为

char data cc=0x15;

同理，若要指定变量xy为有符号整型变量，其存储单元位于片外RAM中，初值为0，则相应定义语句为

signed int xdata xy;

在实际应用中，用户对单片机存储器的需求差别很大，小型系统只需使用片内RAM即可满足要求，而大型系统则需扩展片外RAM才能满足需求。为此，C51编译器中设立了3种编译模式供用户选择，即small（小型）编译模式、compact（紧凑）编译模式和large（大型）编译模式。根据指定的编译模式，编译器在分配变量存储空间时就有了参考依据。在不同编译模式下，系统的默认存储类型、RAM使用规模和变量使用特点见表3-10所列。

表3-10　3种编译模式的默认存储类型、RAM使用规模和变量使用特点

编译模式	默认存储类型	RAM使用规模	变量使用特点
small	data	128 B片内RAM	CPU访问数据的速度较快，但存储容量较小
compact	pdata	256 B片外RAM页	速度和容量都介于small编译模式与large编译模式之间
large	xdata	64 KB片外RAM	CPU访问数据的速度较慢，但存储容量较大

在small编译模式下，如果变量定义语句中省略了存储类型参数，则系统自动默认采用data存储类型。同理，compact编译模式和large编译模式的默认存储类型分别是pdata和xdata。如在small编译模式下，变量a的定义语句"char a；"等同于"char data a；"；而在large编译模式下，变量a的定义语句"char a；"则等同于"char xdata a；"。

也可通过预处理命令#pragma修改编译模式，如可用以下指令将当前编译模式改为compact。

#pragma compact

其中pragma为指令关键词。

五、存储种类和两个重要概念

截至目前，我们已经解决了变量中数据的存放格式问题（数据类型）和地址空间问题（存储种类），为了提高变量占用存储空间的效率，还需要考虑变量的作用域问题。不难想象，为提高变量存储效率，比较科学的做法应该是：①对仅有当前使用价值的变量，可以让它用完后自动释放占用的存储单元，以便编译器重新进行变量存储空间分配；②对具有长期使用价值的变量，可以让它处于静态保护状态下，在程序运行期间都不释放存储单元；③对需要在多个程序或函数中传递数据的变量，可以让它只在一处进行定义，而在其他程序或函数中声明它的外部属性，从而实现该变量的数据共享；④对需要频繁改变其值的变量，可以让其数值保存在CPU的寄存器中，避免反复访问内存，从而获得较高的执行效率。决定变量

属性的是变量的存储种类，以下是关于变量存储种类和重要概念的具体介绍。

（一）存储种类

1. 自动型（auto）

具有auto属性的变量称为自动型变量。自动型变量的作用域是在定义该变量的函数体或语句组内。当函数调用结束或语句组执行完毕时，自动型变量所占用的存储单元就被释放。由于存储单元中的值是随机的，因此自动型变量在赋初值前的值也是随机的。自动型是"存储种类"的默认选项，如果变量定义时"存储种类"项省略，则变量被默认为是自动型的。

2. 静态型（static）

具有static属性的变量称为静态型变量。静态型变量的作用域是定义它的函数体、程序文件或语句组内。静态型变量具有变量的隐藏性、存储持久性和默认0初值3个特点。如果希望变量在离开作用域后仍能保持它已经获得的数值不丢失，或者希望变量无法被作用域外的其他同名变量所使用，或者希望变量虽经定义但缺少赋初值时能默认为0，就可在变量定义时用static进行声明。

3. 外部型（extern）

具有extern属性的变量称为外部型变量。如果变量的定义与使用不在同一个作用域内，则用extern声明后就能将原作用域扩展到声明所在的位置，从而将变量值带到新的作用域内。extern的这一扩展性与static的隐藏性恰好相反。变量做extern声明后可分配固定的存储单元，并在程序的整个执行期内始终有效。

4. 寄存器型（register）

具有register属性的变量称为寄存器型变量。如果变量在使用中需要频繁地与内存进行数据交换，可以通过register定义将变量的存储单元指定为寄存器。但是随着编译器技术不断优化，现在编译器已能将数据交换过于频繁的变量自动放入寄存器中，因而进行register声明的必要性已不大了。

（二）两个重要概念

1. 变量定义和变量声明

在实际应用中，变量定义和变量声明的概念容易被搞混。简单来说，变量定义既涉及变量特性的约定，也涉及存储单元的分配，而变量声明则仅涉及变量特性的约定。从广义的角度来讲，声明中包含着定义，即定义是声明的一个特例，所以并非所有的声明都是定义。建立存储空间的声明称为定义，而不需要建立存储空间的声明称为声明。如int a既是声明，同时又是定义；然而对于extern a来讲，它只是声明不是定义。

2. 全局变量与局部变量

根据C51规则，变量定义语句放置的位置决定了变量的作用域，其中放在程序开始处（即所有函数前面）的称为全局变量，而放在函数内部的称为局部变量。全局变量的作用域是整个源程序范围，变量值可在程序运行期间始终有效，而局部变量值仅在函数调用期间有效，调用结束后就会失效。为了合理利用存储资源，需要根据情况灵活采用全局变量或局部变量，一般情况下应尽量选用局部变量。

下面进行一些变量定义的综合练习（假设都为small编译模式）。

> unsigned char data sys_sta=10；/*定义sys_sta为无符号字符型自动变量，该变量位于data区中且初值为10*/
>
> static char xdata m，n；/*定义m和n为位于xdata区中的有符号字符型静态变量，初值皆为0*/

> extern long var4；/*声明外部定义过的长整型变量var4的作用域扩展至此，句中的类型说明符long可以省略*/

第三节　C51程序设计基础

一、C51的指针

如前所述，如果在程序中定义了一个变量，在对程序编译时，系统就会给这个变量预留存储单元，此时变量名已转化为存储单元地址。程序运行时，通过地址就能对存储单元进行访问。这种直接按变量进行的访问，称为直接访问的方式。

还可以采用另一种称为间接访问的方式，即先将被访问变量的地址存放在另一个变量中，然后利用该变量中的被访问变量的地址，去访问该地址对应的存储单元。这个用来存放变量地址的变量，称为指针变量，存放的地址称为指针。

例3-8：试分析下面程序段的作用。

> int a；
> int*a_pointer；
> a_pointer=&a；
> *a_pointer =133；

第1句按普通变量定义方法定义了一个整型变量a。

第2句定义了一个指向整型变量的指针变量。式中*是指针声明符，表示后面的变量是指针变量（不是普通变量），指针变量名是a_pointer（不是a*pointer）。

第3句是将被指向变量a的地址装入指针变量a_pointer，其中&是取地址运算符，可以取得变量a的地址编码。

第4句是将数字常量133赋给指针变量a_pointer所指向的变量，即变量a。

因此，该程序段的作用是采用指针的间接方式将数字常量133赋给整型变量a。此外，还有以下几点需要注意。

（1）程序段中两次用到的*a_pointer是有不同含义的。第一次表示定义指针变量，可以把*和之前的int看作一个整体，表示一个指向整数的指针；第二次则是表示指针变量所指向的变量，此时*a_ pointer与a是等同的。

（2）在定义指针变量时，必须指定它所指向变量的数据类型，如第2句中的数据类型int（虽然此时a_ pointer还不知道被指向的变量名）。这是因为，如果想通过指针访问一个变量，只知道字符数据，还是从2000与2001两个字节中取出一个整型数据？只有知道了变量的数据类型，才能结合变量地址完整地取出该数据。

可以把第1句和第2句合并成一句，在定义被指向变量和指针变量的同时进行初始化，如：

$$\text{int*a\_ pointer=\&a；}$$

例3-9：假设编译器为变量a分配的存储单元首地址为1000，试指出下面程序段执行后指针变量ptr中的值是多少？

```
long a;
long *ptr=&a;
ptr++;
```

分析：根据题意，a是一个具有4字节的长整型变量，指针变量ptr最初装入的指针值为1000。当执行一次ptr++后，指针会移动到下一个长整数位置，即指向1004。下面分析一个利用指针变量访问整型变量的例子。

例3-10：将整型变量a和b中的两个整数（分别为3和6），通过指针的间接访问方式，按照从大到小的顺序重新存入a和b。

分析：先将指针变量分别指向这两个整型变量。如果满足重新排序条件，则对指针变量赋以新值后重新对变量值进行赋值。

编写程序如下：

```
int a=3,b=6,c=0;
int *pl=&a,*p2=&b;          //指针变量p1和p2分别指向变量a和b
main( )
{  if(a<b)                   //如果a<b
    { pl=&b;                 //使p1和p2的值互换
      p2=&a;
      c=*p2;                 //使a和b的值互换
      a=*p1;
      b=c;
    }
}
```

语句if（a<b）是对变量进行了直接访问，而语句组中的p1=&b，p2=&a，a=*p1和b=*p2则是利用指针对变量进行了间接访问。

注意： 上述指针概念是基于X86CPU架构的标准C语言内容，对基于51系列单片机的C51还需要进一步扩展。需要解决51系列单片机中的多种存储区域（如data、idata、xdata等）带来的相关问题。

对于C51来讲，指针变量定义还应该包括以下信息。

（1）指针变量自身位于哪个存储区？

（2）被指向变量位于哪个存储区？

故C51指针变量定义的一般形式为

> 数据类型[存储类型1]*[存储类型2]指针变量名[=&被指向变量名]；

其中，数据类型是被指向变量的数据类型，如char、int、long等；存储类型1是指被指向变量所在的存储类型，如data、code、xdata等，默认时根据被指向变量的定义语句确定；存储类型2是指针变量所在的存储类型，如data、code、xdata等，默认时根据C51编译模式的默认值确定；指针变量名可按C51变量名的规则选取。

如已知当前编译模式为small，若采用以下变量和指针的定义，有

> char xdata a='A'；
> char xdata*ptr=&a；

根据C51指针规则可知，这里变量a是位于xdata存储区里的char型变量，而ptr是位于data存储区且固定指向xdata存储区的char型变量的指针变量。若采用以下定义，有

> char xdata a='A'；
> char xdata * idata ptr=&a；

这里表示ptr是固定指向xdata存储区的char型变量的指针变量，它自身存放在idata存储区中，此时ptr的值为位于xdata存储区中的char型变量a的地址。

二、C51的数组

前面讲述的变量都属于简单的数据类型，适合少量数据的处理。对批量数据的处理，使用普通变量方法就会很不方便。如一个班有30名学生，怎样求这30名学生的平均成绩呢？当然，可以用30个变量s_0，s_1，…，s_{29}表示每个人的学习成绩，求和再除以30即可（注意：在计算机科学里，第1个变量总是用下标0表示）。但是显然这种做法很烦琐，如果学生人数再多怎么办呢？于是，人们想出这样的办法：将s_0，s_1，…，s_{29}作为一组有序数据的集合，用一个数组名s来代表它们，将s后面的编号放在方括号里代表数据在数组中的序号，如s[14]代表学生s_{14}的成绩。将这样的数组与C51的循环功能结合起来，便可以有效地处理大批量的数据，大大提高了工作效率。该部分将介绍在C51中怎样使用数组来处理同类型的批量数据问题。

（一）一维数组的定义

一维数组是数组中最简单的，它的元素只需要用数组名加一个下标就能唯一地确定，如上面介绍的学生成绩数组s就是一维数组。有的数组，其元素要指定两个下标才能唯一地确定，如用s[2][3]表示第3个班第4名学生的成绩（注意：第一个班的第一个学生的成绩用

s[0][0]表示）。还可以有三维甚至更多维数组，熟练掌握一维数组后，对二维或多维数组，便很容易举一反三。

要使用一维数组，必须先在程序中进行数组定义，通知计算机由哪些数据组成数组、数组中有多少元素、属于哪个数据类型、存放在哪个存储空间。C51中定义一维数组的一般形式为

数据类型〔存储类型〕数组名[常量表达式](={初始化列表})；

上述定义式中，数据类型、存储类型和数组名的规则与变量定义规则相同。方括号里的常量表达式可以是常量，如"ints[30];"或宏（用"#defineNUM30"语句定义的标识符），如"int s[NUM];"。若数组定义时方括号里出现变量，一般都是不合法的，如"int s[n];"，除非是在被调用函数中定义数组时，其长度才可以是变量。此外，定义式中的初始化列表（可省略）可在定义数组的同时给数组各元素赋初值。

如下面是对前述学生成绩数组的定义。

int data s[30];

它表示定义了一个整型数组，数组名为s，数组长度为30（共有30个元素）。编译器会在data存储区里划出一片大小为60（2×30）字节的存储单元，如图3-10所示为学生成绩数组的存储单元。

s数组	s[0]	s[1]	⋯	s[28]	s[29]

图3-10　学生成绩数组的存储单元

注意：数组的下标是从0开始的，故数组元素s[30]是不存在的。

用初始化列表进行数组初始化可分为以下几种情况。

（1）在定义数组时对全部数组元素赋予初值，如：

int data s[30]={75,82,93,⋯,65};

将数组中各元素的初值顺序地放在一对花括号内，数据间用逗号分隔。编译器会将这些初值一一赋给各个元素，如s[0]=75，s[1]=82，s[3]=93，⋯，s[29]=65。

（2）可以只给数组中的一部分元素赋值，如：

int data s[30]={75,82,93};

定义s数组有30个元素，但花括号里只提供了3个初值，这表示编译器只给前面3个元素赋初值，其余27个元素将被自动赋初值0（如果是字符型数组，则赋值为空字符，即'\0'）。

（3）如果想使一个数组中全部元素初值都为0，可以写成

int data s[30]={0};

有些编译系统对数组定义时全部没有赋初值的元素也会自动赋以0初值，如：

int data a [10];

则a[0]～a[9]全部被赋0初值。

（4）在对全部数组赋初值时，可以根据初始化列表中数据个数确定数组长度，如：

$$\text{int data s[ ]=\{75,82,93,\cdots,65\};}$$

即定义时可以不指定数组的长度，而让编译器根据{}中的数据个数确定数组的长度。当程序中定义了一个数组后，程序运行时就会在存储空间中开辟一个区域用于存放该数组的内容。数组就包含在这个由连续存储单元组成的存储体内。显然，数组，特别是大型数组会占用大量的存储空间。由于51系列单片机存储资源有限，因此在进行C51编程开发时要仔细根据需要来选择数组的大小，以免造成存储空间不足的问题。

（二）一维数组的使用

在定义数组并对各元素赋值后就可以引用数组中的元素了，引用数组元素的方法有下标法和指针法两种。

1. 下标法引用数组元素
通过下标引用数组元素的一般形式，有

$$\text{数组名[下标];}$$

需要注意的是，定义数组时采用的"数组名[常量表达式]"和引用数组元素时采用的"数组名[下标]"，虽然形式相同，但含义不同。如：

$$\text{int s[30];}$$
$$\text{t=s[6];}$$

前者表示定义包含了30个元素的数组s，而后者表示引用数组s中下标为6的元素，被引用的数组元素和一个简单变量的地位与作用相似。一般来说，凡是变量可以出现的地方都可以用数组元素代替。因此，数组元素可以出现在表达式中，也可以被赋值。如下面的赋值表达式包含了对数组s[i]中具体元素的引用。

$$\text{s[0]=S[5]+s[7]-s[2*3];}$$

其中，每一个数组元素都代表一个具体的数值。

例3-11：采用数组方法计算10～19所有整数的平均值。对10个数组元素一次赋值为10、11、12、13、14、15、16、17、18、19，求平均值，并将结果存放到变量result中。

分析：先定义一个长度为10的整型数组a并用10～19初始化，然后利用循环方式对引用的数组元素求和，累加和存入变量result中。然后再将result除以10即为平均值。由于result中可能包含小数，因此应该将其定义为浮点型变量。这个算法很简单，可以直接写出以下源程序。

```
int i,a[10]={10,11,12,13,14,15,16,17,18,19};//变量i和数组a
main( )
{
 float result=0;                //定义结果变量
for(i=0;i<10;i++)              //循环控制
result+=a[i];                 //求和
result/=10;                   //求平均值
}
```

需要注意的是，在利用语句result=result+a[i]进行求和运算时，由于a[i]为整型元素，而result为浮点型变量，执行result=result+a[i]将出现不同数据类型的混合运算问题。根据C51规则，如果一个运算符两侧的数据类型不同，则要先自动进行类型转换，使二者具有同一类型，然后再进行运算。数据类型转换的规则比较复杂，使用不当就会产生编译报错。类型转换的一般规律是低级别类型被转换成高级别类型，即bit→char→int→long→float。同理，有符号数和无符号数的转换规律为unsigned→signed。

因此，result与a[i]相加前，a[i]的int型会转换成result的float型，然后以float型进行相加。这一过程虽然无须人工干预，但编程人员应对其原理有所了解，以便在编译报错时能很快找到出错原因。

2. 指针法引用数组元素

首先来看如何定义指向数组的指针变量。根据C51规则，若将一个变量用来存放一个数组的起始地址（即数组中下标为0的元素的地址），则这个变量就是指向数组的指针变量。

如定义一个整型数组[a]和一个指向数组的指针变量app。

```
int a[10];              /*定义a为包含10个整型元素的数组*/
int *app=&a[0];         /*定义app为指向整型数组a的指针变量*/
```

如同变量名实际上就是为变量分配的若干存储单元的首地址一样，数组名则是为数组分配的连续存储单元的首地址，因而上述第二条语句等同于：

```
int*app=a;
```

指针变量定义和赋值后，指针法引用数组元素可用以下两种形式：

（1）*（数组指针变量名+i）；

（2）数组指针变量名[i]。

其中，i为数组元素的下标，形式（1）为经典形式，形式（2）为下标形式，两者都等同于下标法引用的元素"数组名[i]"。

3. 字符数组

用来存放字符型数据的数组称为字符数组。字符数组中的一个元素存放一个字符。定义字符数组的方法与定义数值型数组的方法类似。如：

```
char c[12]=('G','o','o','d',',','m','o','r','n','i','n','g');
```

把12个字符一次分别赋值给c[0]～c[11]这12个元素。由于字符型数据是以整数形式（ASCII代码）存放的，因此也可以用整型数组存放字符数据，如：

$$int\ c[12]=\{'G','o','o','d',',''m','o','r','n','i','n','g'\};$$

遇到这种情况，编译器就会自动根据ASCII码将初始化列表中的字符转换为整型数据。如果数组初始化时花括号中的初值个数（即字符个数）大于数组长度，则会出现语法错误；如果初值个数小于数组长度则只将这些字符赋给数组中前面的那些元素，其余的元素自动赋为空字符（即 '\0'）。从ASCII码表中可以查到，ASCII码为0的字符是一个空操作符，即它什么也不做。如果在定义时省略数组长度，则系统会自动根据初值个数确定数组长度。字符数组初始化还可以采用字符串（用双引号而不是单引号引导）赋值的方法，如：

$$char\ c[\ ]=\ ``Good\ morning'';$$

C51在处理字符串常量存储时会自动加一个 '\0' 作为结束符。因此，此时数组c的长度不是12而是13。

如前所述，C语言中只有字符型变量而没有字符串型变量，因此对字符串的处理通常是通过字符数组进行的。因此，C语言函数库中提供了一些专门用来处理字符串的函数，如puts（输出字符串）函数、gets（输入字符串）函数、strcat（字符串链接）函数等，需要使用时可以参阅相应的介绍材料。

4. 二维数组

二维数组的定义与一维数组相似，一般形式为

数据类型(存储类型) 数组名[常量表达式1] [常量表达式2]〔={初始化列表}〕；

如：

$$long\ a[3][4];$$

以上定义了一个long型的二维数组a，第一维有3个元素，第二维有4个元素。注意上述数组不能写成

$$long\ a[3,4];$$

在C51中，二维数组中元素排列的顺序是按行存放的，即在存储单元中先顺序存放第1行的元素，接着再存放第2行的元素，图3-11表示长整型数组a[3][4]在存储单元中的存放顺序。由图3-11可知，若数组a的首地址为2000，一个数组元素占4字节，前16个存储单元（2000～2015）存放第0行中的4个元素，接着的16个单元（2016～2031）存放第1行4个元素，以此类推。

图3-11 长整型数组a[3][4]在存储单元中的存放顺序

可以用下面3种方法对二维数组进行初始化。

（1）可以分行给二维数组赋初值，如：

long a[3][4]={{1，2，3，4}，{5，6，7，8}，{9，10，11，12}}；

（2）可以将所有初值写在一个花括号内，按数组排列的顺序对各元素赋初值。如：

long a[3][4]={1，2，3，4，5，6，7，8，9，10，11，12}；

（3）可以对部分元素赋初值，如：

long a[3][4]={{1}，{5，6}}；（如图3-12（a）所示）

也可以对各行中的某一元素赋初值，如：

long a[3][4]={{1}，{0，6}，{0，0，11}}；（如图3-12（b）所示）

也可以只对某几行元素赋初值，如：

long a[3][4]={{1}，{5}，{9}}；（如图3-12（c）所示）

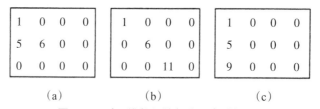

（a）　　　　　（b）　　　　　（c）

图3-12 对二维数组的部分元素赋初值

三、C51的函数

（一）函数的基本概念

C51源程序中都只有一个主函数main()。对于较大的C51程序，为了使程序容易阅读和理解，一般不希望把所有内容都放在主函数中，而是将它们分别放在若干个调用函数中，再由主函数、调用函数和其他语句（如预处理命令、全局变量定义等）一起组成源程序文件。

C51程序中的函数可作为软件模块被调用，这些函数数量不受限制，但只能有一个主函数，整个程序从这个主函数开始执行，也从主函数中结束。每个函数都由函数头和函数体组成，而函数体又由局部变量定义和执行语句组成。源程序中所有函数互相独立，可以互相调用。C51程序与函数之间的关系示意图如图3-13所示。

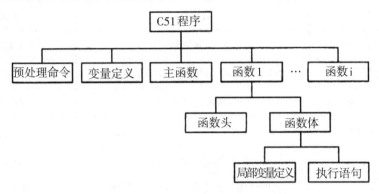

图3-13　C51程序与函数之间的关系示意图

从用户使用的角度进行划分，函数可分为两种类型：①标准函数，即库函数。这是由C51系统提供的，可满足用户的通用性要求，用户可以直接使用它们（只需在程序中开头用群include指令将库函数的文件名包含进来即可）。②自定义函数，即用户自己编写的函数，以满足用户在库函数之外的特殊性要求，这部分内容需要用户自行编程解决。

从函数定义的形式来看，函数可分为3类：①无参函数。在调用无参函数时，主调函数不向被调用函数传递数据。无参函数一般用来完成指定的若干操作，类似于一条命令语句。②有参函数。在调用有参函数时，主调函数可通过实际参数向被调函数传递数据，使其具有可变参数值的功能。此外，执行被调用函数时通常会得到一个函数返回值供主调函数使用。③空函数。在调用空函数时，不起任何作用。定义空函数的目的是先占好位子，当程序功能扩充时用编好的函数代替它，这样会使程序的结构清晰，可读性好。

（二）函数的定义

同变量和数组都必须先定义后使用一样，函数也遵循先定义后使用的原则。函数定义的作用是把函数的信息（如函数名、函数类型、函数参数的个数与类型等）通知编译系统，以便区分是函数、变量或其他对象。

C51函数定义语句称为函数头或函数首部，定义C51函数的语法格式如下：

〔返回值类型〕函数名(〔形式参数〕)〔编译模式〕〔reentrant〕〔interrupt x〕〔using y〕

注意：与变量或数组定义不同，函数定义的末尾是没有分号的。

相对于标准C语言的函数定义，上述定义已针对51系列单片机做了一些扩展，定义中各项的含义见表3-11所列。

表3-11 C51函数定义中各项含义一览表

序号	项目名	项目含义	省略时含义
1	返回值类型	指明函数返回值的数据类型	int型
2	函数名（）	函数名	不可省略
3	形式参数	形式参数列表	表示是无参函数
4	编译模式	指明函数参数与局部变量的存放空间	按程序的编译模式考虑
5	reentrant	指明函数为可重入函数	表示是不可重入函数
6	interrupt	指明函数为中断函数（C51扩展）	表示是普通函数
7	x	指明中断号（C51扩展）	普通函数时无意义
8	using	指明使用工作寄存器组（C51扩展）	普通函数时无意义
9	y	指明工作寄存器组号（C51扩展）	普通函数时无意义

上述定义中，除函数名和后面的圆括号不可省略外，其余选项都是可以省略的，这使函数定义变得比较复杂。以下仅对最基本的内容进行介绍。

1. 函数返回类型

当函数调用结束时，若需要向调用者返回一个执行结果，则这个结果称为"函数返回值"。此时必须在函数定义时明确返回值的数据类型，如bit型、int型、char型、long型、float型等。如果返回类型省略，则系统默认为int型；若无须返回值，则可将返回值类型设置为无值型，即void型。

2. 形式参数

函数定义中的形式参数仅起着占位符的作用，它们将在函数调用时被实际参数值取代，从而实现参数值向函数的传递。形式参数列表中包括形参类型和形参名。根据任务的需要，函数可以没有形参（称为无参函数），也可以带有形参（称为有参函数）。

（1）无参函数的定义。

无参函数的参数列表为空或为void，没有函数返回值时函数类型可为void型。如下列延时函数可实现100×1000次空循环操作功能。

```
void delay(void)          //定义无返回无参函数delay（）
{int i,j;                 //定义整型循环变量i,j
 for（i=0;i<100;i++）       //外层嵌套
     for(j=0;j<1000;j++)   //内层嵌套+空循环
 }
```

函数体中定义的变量（称为局部变量），如i，j，仅在函数作用域内有效，离开函数后其值不得到保存。

（2）有参函数的定义。

有参函数的多个形参之间要用逗号分隔。有返回值时需要在函数体中使用"return 表达式;"语句，反之则可以不要该语句。如可实现计算并返回两数平均值功能的求均值函数。

```
float average (char x, char y)      //定义返回浮点型值的有参函数
{
        float result;               //定义变量
        result=(x+y)/2;
        return result;              //返回result
}
```

由于return后面的值可以是表达式，因而该函数可进一步简化为

```
float average (char x,char y)
{
        return (x+y)/2;             //返回表达式结果
}
```

（三）函数的调用

定义函数是为了调用函数，调用的方法很简单，其一般形式为

```
函数名(实参表列);
```

如果是调用无参函数，则实参表列可以为空，但圆括号不能省略。如果实参列表包含多个参数，则各参数间要用逗号分隔。根据函数调用在程序中出现的形式和位置来分，可以有3种函数调用方法。

（1）把函数作为一个独立语句来用，如：

```
…
delay(void);                        //产生空循环延时
…
```

（2）把函数作为一个变量的赋值表达式来用，如：

```
…
c=average(a,b);                     //将a和b的平均值存入c
…
```

（3）把函数作为另一个函数调用时的参数来用，如：

```
…
m=average(a,average (b,c));         //将a、b、c三者的平均值存入m
…
```

在调用函数过程中，系统会把实参的值传递给被调用函数的形参。在调用函数过程中发生的实参与形参之间的数据传递，常称为虚实结合。

例3-12：将两个整数按大小排序，要求用函数调用方法找到其中的较大者。

分析：将求两整数中较大者的功能放在自定义函数max中，利用主函数调用max时传入两个整数，然后获得大数的返回值。源程序如下：

```
int a=45，b=77，c;          //定义实参变量
int max(int x，int y)        //定义函数max，两个形参都为int型
{   int z;                   //定义返回变量z
z=（x>y）?x：y;              //利用条件赋值语句将较大者赋给z
return z;                    //返回z
}
void main（）                //主函数
{   c=max（a，b）;           //调用max函数
}
```

程序分析：先定义max函数，函数类型定义为int，两个形参x和y的类型也都为int型。主函数包含一个函数调用max（a，b），其中a和b是两个整型实参。通过函数调用，a的值传给x，b的值传给y。在max函数中，把较大的数值赋给变量z，z的值又通过return语句带回到main函数并赋给变量c。

一个函数在程序中可以3种形式出现：函数定义、函数调用和函数声明。函数定义和函数调用可以不分先后，但若函数调用出现在函数定义之前，那么在函数调用前必须先进行函数声明。这是因为程序进行编译时是从上到下逐行进行的，如果没有函数的声明，当编译到函数调用行时，编译系统就无法确定它是函数还是变量，也无法进行虚实结合检查。这样，在运行阶段出现错误时就很难找到相应原因。反之，若在函数调用前对被调用函数进行了函数声明，编译系统就会记下有关信息，一旦发现函数调用与函数声明不匹配，就会发出语法错误提示，从而容易找到错误并纠正。

函数声明和函数头的定义语句基本是相同的（两者仅差一个分号），因此写函数声明时，可以简单地照写函数头的定义语句（照写不易出错），再加一个分号即可。实际上，在函数声明中的形参名也可省略，而只写形参的类型即可，因为编译系统只关心和检查形参个数和形参类型，而不检查形参名。这两种形式都可选用，没有差别。

例3-12的程序如果采用主函数在前，max函数在后的写法，需要在主函数中增加一条对max的函数声明语句。

程序代码如下：

```
    int a=45, b=77, c;              //定义实参变量
    void main()                      //主函数
    {   int max (int, int);          //max函数声明
            c=max(a, b);             //调用max函数
    }
    int max (int x, int y)           //定义函数max，两个形参都为int型
    {   int z;                       //定义返回变量z
            z=(x>y)?x: y;            //利用条件赋值语句将较大者赋给z
            return z;                //返回z
    }
```

　　函数声明语句也可加在程序文件的开头，即所有函数之前（此时称为外部声明），这样就能使本程序文件中的所有函数都不必对其调用的函数再做声明。当程序文件中包含较多函数时，这样处理会更加简便灵活。

　　到此为止，除少量与单片机硬件资源相关的C51语法外，C51的语法内容已介绍完了。C51功能强大，使用方便灵活，在51系列单片机开发中得到了广泛的使用。有经验的C51程序设计人员应不仅能编写出可解决复杂问题的程序，还能使编写出的程序具有运行效率高且占用内存少的特点，这个要求不易达到。要真正学好用好C51，需要花很大精力多练习多实践。由于本书不是C51的专著，入选的C51内容仅能满足51系列单片机开发应用中的基本要求，要达到更高的水平，还需要掌握更多的C51知识。

（四）C51函数的存储模式

　　C51函数的存储模式与变量相同，也有small模式、compact模式和large模式3种，通过函数定义时后面加相应的参数（small、compact或large）来指明。不同的存储模式，函数的形式参数和变量默认的存储器类型都与前面变量定义情况相同，这里不再赘述。

　　例3-13：C51函数的存储模式例子。

　　程序代码如下：

```
    int func1(int x1,int y1)large     /*函数的存储模式为large*/
    {
    int z1;
    z1=x1+y1;
    return z1;                        /* x1、y1、z1变量的存储器类型默认为xdata*/
    }
    int func2(int x2,int y2)          /*函数的存储模式隐含为small*/
    {
    Int z2;
    z2=x2−y2;
    return z2;                        /* x2、y2、z2变量的存储器类型默认为data*/
    }
```

（五）C51的中断函数

中断函数是C51的一个重要特点，C51允许用户创建中断函数。在C51程序设计中经常用中断函数来实现系统实时性，提高程序处理效率。

在C51程序设计中，若定义函数时后面用了interrupt m，则把该函数定义为中断函数。系统对中断函数编译时会自动加上程序头段和尾段，并按MCS-51系统中断的处理方式把它安排在程序存储器中的相应位置。在该修饰符中，m的取值为0～31，对应的中断情况如下：

0——外部中断0；

1——定时／计数器T0；

2——外部中断1；

3——定时／计数器T1；

4——串行口中断；

5——定时／计数器T2；

其他值预留。

编写MCS-51中断函数需要注意以下几点。

（1）中断函数不能进行参数传递，如果中断函数中包含任何参数声明都将导致编译出错。

（2）中断函数没有返回值，如果企图定义一个返回值将得不到正确的结果，建议定义中断函数时将其定义为viod型，以明确说明没有返回值。

（3）在任何情况下都不能直接调用中断函数，否则会产生编译报错。因为中断函数的返回是由8051单片机的RETI指令完成的，RETI指令影响8051单片机的硬件中断系统。如果在没有实际中断的情况下直接调用中断函数，RETI指令的操作结果将会产生一个严重的错误。

（4）如果在中断函数中调用了其他函数，则被调用函数所使用的寄存器必须与中断函数相同，否则会产生不正确的结果。

（5）C51编译器对中断函数编译时会自动在程序开始和结束处加上相应的内容，具体如下：在程序开始处对ACC、B、DPH、DPL和PSW入栈，结束时出栈。中断函数若未加using n修饰符，开始还要将R0、R1入栈，结束时出栈；中断函数若加using n修饰符，则在程序开始将PSW入栈后还要修改PSW中的工作寄存器组选择位。

（6）C51编译器从绝对地址8m+3处产生一个中断向量，其中m为中断号，也即interrupt后面的数字。该向量包含一个到中断函数入口地址的绝对跳转。

（7）中断函数最好写在文件的尾部，并且禁止使用extern存储类型说明，以防止其他程序调用。

例3-14：编写一个用于统计外中断0的中断次数的中断服务程序。

程序代码如下：

```
extern int x;
void int0( )interrupt 0 using 1
{
x++;
}
```

通过例3-14可以发现，中断函数虽然不能通过参数方式与主程序进行数据传递，但可以通过全局变量方式进行信息交换。

第四章 单片机显示接口技术

在单片机应用系统中，为了观察单片机的运行情况，通常采用显示器作为其输出设备，用于显示输入键值、中间信息及运算结果等。常用的显示器有发光数码管显示器（简称"LED"）和液晶数码管显示器（简称"LCD"），它们都具有耗电少、线路简单、安装方便、耐振动等优点。LED价格更低廉，LCD功耗更低。本章将分别介绍LED和LCD。

第一节 LED及其接口

一、LED结构与原理

LED是由发光二极管显示字段组成的显示器件。在单片机应用系统中通常使用的是七段LED，这种显示器有共阴极和共阳极两种，如图4-1所示。共阴极LED的结构如图4-1（a）所示。其阴极并接在一起，构成公共端，由阳极控制字段点亮或熄灭。当发光二极管的阳极为高电平时，发光二极管点亮。共阳极LED的结构如图4-1（b）所示。其阳极并接在一起，作为公共端，由阴极控制字段点亮或熄灭。当发光二极管的阴极为低电平时，发光二极管点亮。在实际应用中，公共端用于控制某一位显示器是否选通，也称为"选通端"。

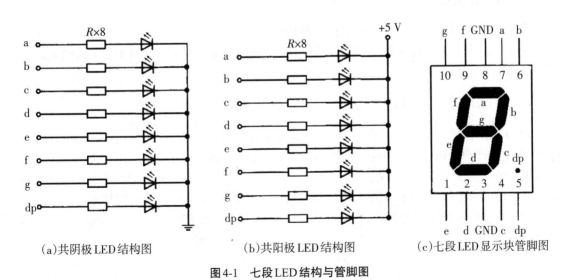

(a)共阴极 LED 结构图　　　　(b)共阳极 LED 结构图　　　　(c)七段 LED 显示块管脚图

图4-1 七段 LED 结构与管脚图

七段LED中通常有8个发光二极管，其中7个发光二极管构成7笔字形"8"，一个发光二极管构成小数点。七段LED显示块的管脚如图4-1（c）所示，从g~a管脚输出一个8位二进制码，可显示对应字符。如在共阴极显示器上显示字符1，应是b、c段点亮，其他段熄灭，对应的二进制码为00000110（6H）。通常把显示一个字符对应的8位二进制码称为段码。共阳极与共阴极的段选码互为反码，见表4-1所列。

表4-1 七段LED的段选码

显示字符	共阴极段选码	共阳极段选码	显示字符	共阴极段选码	共阳极段选码
0	3FH	COH	B	7CH	83H
1	06H	F9H	C	39H	C6H
2	5BH	A4H	D	5EH	A1H
3	4FH	BOH	E	79H	86H
4	66H	99H	F	71H	8EH
5	6DH	92H	P	73H	8CH
6	7DH	82H	U	3EH	C1H
7	07H	F8H	T	31H	CEH
8	7FH	80H	y	6EH	91H
9	6FH	90H	8	FFH	00H
A	77H	88H	"灭"	00H	FFH

二、LED接口

在单片机应用系统中可利用LED灵活地构成所要求位数的显示器。

N位LED有N根位选线和8~N根段码线。根据显示方式的不同，可分为LED静态显示接口和LED动态显示接口。

（一）LED静态显示接口

LED工作在静态显示方式下，共阴极接地，共阳极接+5 V；每一位的段选线（a~g、dp）与一个8位并行I／O口相连，如图4-2所示。该图表示了一个4位静态LED电路，显示器的每一位可独立显示，只要在该位的段选线上保持段选码电平，该位就能保持相应的显示字符。由于每一位由一个8位输出口控制段选码，因此在同一时刻各位可以显示不同的字符。N位静态显示器要求有$N×8$根I／O口线，占用I／O口线较多。故在位数较多时往往采用动态显示方式。

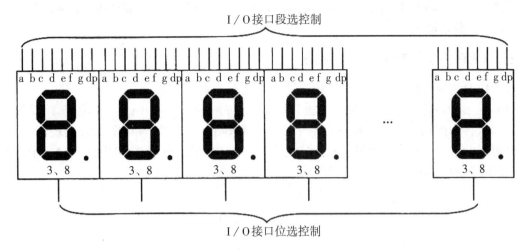

图4-2　LED静态显示接口示例

（二）LED动态显示接口

LED动态显示是将所有位的段码并接在一个I／O口上，共阴极端或共阳极端分别由相应的I／O口线控制。如图4-3所示，是一个8位LED动态显示器接口示意图。

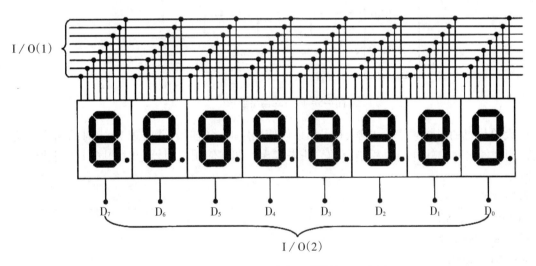

图4-3　8位LED动态显示器接口示意图

因为每一位的段码线都接在一个I／O口上，所以每送一个段码，如果公共端不受控制，则8位就显示同一个字符，这种显示器是无应用价值的。解决此问题的方法是利用人的视觉滞留，从段码I／O口上按位次分别送显示字符的段码，在位控制口也按相应的次序分别选通对应的位（共阴极低电平选通，共阳极高电平选通），选通位就显示相应字符，并保持几毫秒的延时，未选通位不显示字符（保持熄灭）。这样，对各位显示就是一个循环过程。从计算机的工作来看，在一个瞬时只有一位显示字符，而其他位都是熄灭的，但因为人的视觉滞留，这种动态变化是察觉不到的。从效果上看，各位显示器能连续而稳定地显示不同的字符，这就是动态显示。

三、LED指示灯功能的程序实现

有关LED指示灯功能的实现，这里通过一个例题来说明。

例4-1：由P1.0引脚接一个发光二极管，要求发光二极管点亮1 s后，再熄灭1 s，然后再点亮1 s，再熄灭1 s，……这样一直循环下去，要求画出电路图，并编写程序实现。

分析：由题意可知，单片机的P1.0口接一个发光二极管，硬件连接图如图4-4所示。根据要求，P1.0的输出波形如图4-5所示。

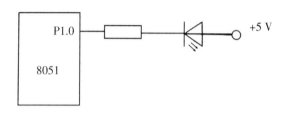

图4-4　P1.0口接发光二极管硬件连接图

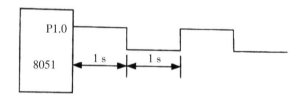

图4-5　P1.0的输出波形

假设单片机的时钟频率为12 MHz，如果仅使用定时器定时，要实现1 s定时的功能，就需要采用硬件定时与软件定时相结合的方法来实现，即在使用定时器定时的同时使用软件重复定时。

程序代码如下：

```
#include <reg51.h>
#include <stdio.h>
sbit P10=0x90;
sbit P32=0xB2;
sbit P33=0xB3;
xdata int n=0;
void Init（）
{
SCON=0x52;              //设置串行口控制寄存器
TCON=0x21;              //12 MHz波特率为2400
```

```
TCON=0x69;                    //TCON
TH1=0xF3;                     //TH1
TH0=0x3C;                     //计数初值到TH0
TL0=0xAF;                     //计数初值
ET0=1;                        //定时器中断允许
EA=1;                         //开所有中断
TF0=0;
TR0=1;                        //定时器0准备开始
}
void Timer0 Overflow interrupt 1 using 0
{
TH0=0x3C;                     //计数初值到TH0
TL0=0xAF;                     //计数初值
if（n=20）
{
    n=0;
    P10=～P10;                //计算时间到1 s时P10端口引脚取反
    printf（"LED blinke\n"）;
}
    n++;
}
main（）
{
 Init（）;                     //初始化
 while(1);                    //等待中断
}
```

把程序下载到单片机，就可以看到灯每隔1 s闪烁一次。

第二节　基于数码管数据显示的软硬件设计

一、任务要求

控制开发板8位数码管，显示学号后8位，如90105006。

二、系统设计

根据系统要求画出基于STC89C52单片机的LED控制框图如图4-6所示。整个系统包括STC89C52单片机、晶振电路、复位电路、电源、74HC573和LED显示电路。

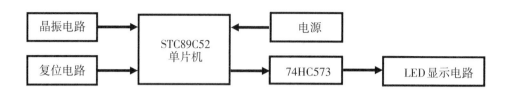

图4-6　基于STC89C52单片机的LED控制框图

74HC573是一款常用的地址锁存器芯片，其内部结构及引脚信号如图4-7所示。由8个并行的、带三态缓冲输出的D触发器构成。在单片机系统LED显示电路和扩展外部存储器的电路中，通常需要一块74HC573芯片。

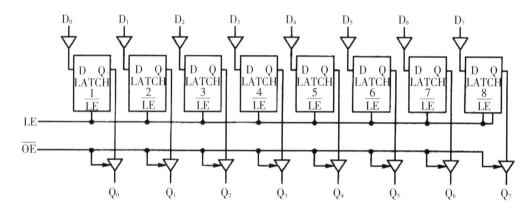

图4-7　74HC573内部结构及引脚信号

图4-7中，$D_0 \sim D_7$ 为8个输入端，$Q_0 \sim Q_7$ 为8个输出端。

LE是数据锁存控制端：当LE=1时，锁存器输出端同输入端；当LE由1变为0时，数据输入锁存储器中；在LE不发生变化的状态下，当前锁存的数据被保持。$\overline{OE}$ 为输出允许端：当 $\overline{OE}$ =0时，三态门打开；当 $\overline{OE}$ =1时，三态门关闭，输出呈高阻状态。

三、硬件设计

根据图4-4设计的STC89C52单片机控制LED数码管显示的硬件电路图如图4-8所示。数码管显示有静态显示和动态显示两种，静态显示即对数码管的每一段进行编码控制，以达到显示指定数字的目的。动态显示即通过锁存的方法，利用人的视觉暂留，通过有限的单片机I／O口显示更多的数码管。如图4-8所示，利用两个锁存器分别控制数码管的段选和位选，即利用了有限的I／O口资源实现了控制多个数码管动态扫描显示的功能。（注：74HC573的 $D_0 \sim D_7$ 口分别接在单片机的I／O口上。）

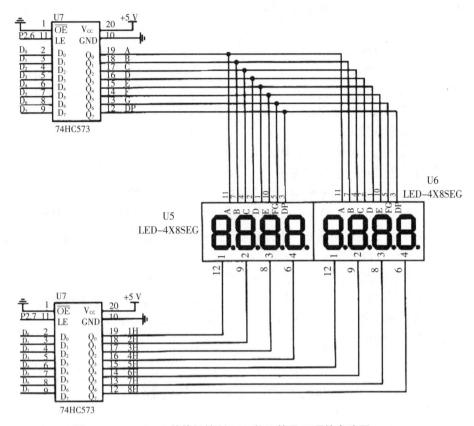

图4-8 STC89C52单片机控制LED数码管显示硬件电路图

四、软件设计

单片机通电后，首先发送位选信号，选择第0位数码管，然后发送段码，最后延时、消隐，这样就完成了第0位的数值显示。接下来用同样的方法选择第1位进行显示。以此类推，当第7位显示完成后，再从第0位开始显示。基于LED的学号显示程序设计流程图如图4-9所示。

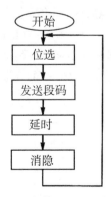

图4-9 基于LED的学号显示程序设计流程图

注意：数码管显示不正常通常有以下原因。

（1）完全不显示。

（2）显示部分段码。

（3）显示部分位码。

（4）显示闪烁。

（5）以上几种原因的综合。

解决办法及步骤如下。

（1）确定数码管是共阴还是共阳。

（2）检查数码管每段是否完好。

如果上述解决办法及步骤采用后仍未解决问题，则可再按下述解决办法操作。

（1）若完全不显示，则检查电压是否加反，共阴的位选送低电平，共阳的位选送高电平。

（2）若某一位只显示部分段，则检查程序所送段码是否正确，注意共阴的段选送高电平，共阳的段选送低电平。

（3）若有一位或几位完全不显示，则有两种解决方法。

①若静态显示（所有位显示一样的数），则只需检查程序这几位送的电平是否正确。

②若动态显示（扫描显示不同的数据）并且数字滚动显示或闪烁，则动态扫描速度过慢，应减少延时，加快扫描。

第三节　LCD及其接口

一、LCD结构与原理

字符型液晶显示器上常采用内置式HD44780驱动控制器的集成电路。下面采用含有HD44780驱动控制器的LCDI602来介绍字符型液晶显示模块的组成和工作原理。下面我们按照HD44780集成电路的内部结构来分析HD44780各功能框的工作原理。

（1）数据显示RAM（DDRAM，data display RAM）。这个存储器是用来存放所要显示的数据，只要将标准的ASCII码放入DDRAM中，内部控制电路就会自动将数据传送到显示器上，如只要将ASCII码43H存入DDRAM中就可以让液晶显示器显示字符"C"了。DDRAM通常有80 bit空间，总共可显示80个字（每个字为1 bit），其存储地址及实际显示位置的排列顺序与字符型液晶显示模块的型号有关，如16字×2行的字符型液晶显示模块的第一行显示地址为00H～0FH，第二行显示地址为40H～4FH，图4-10给出了LCDl602型液晶显示模块位置与存储地址之间的对应关系。

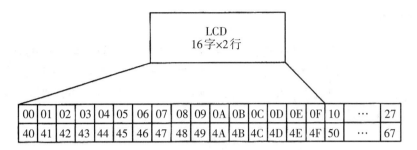

图4-10 LCD1602型液晶显示模块位置与存储地址之间的对应关系

（2）字符产生器ROM（CGROM，character generator ROM）。这个存储器储存了192个5×7点阵字形，这些字形要经过内部线路的转换才会传到显示器上，且只能读出不能写入。字符或字符的排列方式与标准ASCII码相同，如字符码31H表示字符1，字符码43H表示字符C。

（3）字符产生器RAM（CGRAM，character generator RAM）。这个存储器是供用户储存自己设计的特殊字符码的RAM，CGRAM共有512位（64×8位）。因为一个5×7点阵字形实际使用8×8位，所以CGRAM最多只存8个字符。

（4）指令寄存器（IR，instruction register）。指令寄存器负责储存微处理器写给字符型液晶显示模块的指令码。当微处理器要发一个命令到IR指令寄存器时，必须控制字符型液晶显示模块的RS、R／W与E这3个引脚，当RS及R／W的引脚信号为低电平0，E引脚信号由高电平1变为低电平0时，$D_0 \sim D_7$引脚上的数据就会存入IR指令寄存器中。

（5）数据寄存器（DR，data register）。数据寄存器负责存储微处理器要写到CGRAM或DDRAM的数据，或者存储微处理器要从数据显示RAM（DDRAM）读出的数据，因此数据寄存器（DR）可视为一个数据缓冲区，它是由字符型液晶显示模块的RS、R／W与E 3个引脚来控制的。当RS与R／W引脚信号均为1，R／W引脚信号由1变为0时，字符型液晶显示模块会将DR数据寄存器内的数据从$D_0 \sim D_7$引脚输出，以供读取；当RS引脚信号为1，R／W引脚信号为0，E引脚信号由1变为0时，就会把$D_0 \sim D_7$引脚上的数据存入数据寄存器。

（6）忙碌信号（BF，busy flag）。忙碌信号的作用是告诉微处理器，字符型液晶显示模块内部是否正忙着处理数据，当BF=1时，表示字符型液晶显示模块内部正在处理数据，不能接收微处理器送来的指令或数据。字符型液晶显示模块设置BF是因为微处理器处理一个指令的时间很短，所以微处理器要写数据或指令到字符型液晶显示模块之前，必须先查看BF是否为0。

（7）地址计数器（AC，address counter）。地址计数器的作用是负责记录写到CGRAM或DDRAM数据的地址，或从DDRAM或CGRAM读出数据的地址。使用地址设定指令写入指令寄存器后，地址数据会经过指令解码器（instruction decoder）存入地址计数器中。当微处理器从DDRAM或CGRAM读取数据时，地址计数器按照微处理器对字符型液晶显示模块的设定值自动地进行修改。

二、LCD接口

在设计字符型LCD与单片机的接口电路时，一般是将LCD与单片机的并行I/O口连接，通过并行I/O口产生LCD的控制信号，输出相应命令，控制LCD实现显示要求。

LCD1602采用标准的14脚（无背光）或16脚（有背光）接口，各引脚接口说明如下。

（1）GND接电源地。

（2）V_{cc}接+5 V。

（3）VEE是液晶显示的偏压信号，可调节液晶对比度，也可接10 kΩ的3296精密电位器或同样阻值的RM065/RM063蓝白可调电阻。

（4）RS是命令/数据选择引脚，接单片机的一个I/O口，当RS为低电平时，选择命令；当RS为高电平时，选择数据。

（5）R/W是读/写选择引脚，接单片机的一个I/O口，当RW为低电平时，向LCD1602写入命令或数据；当RW为高电平时，从LCD1602读取状态或数据。如果不需要进行读取操作，可以直接将其接VSS。

（6）E是执行命令的使能引脚，接单片机的一个I/O口。

（7）$D_0 \sim D_7$表示并行数据输入/输出引脚，可接单片机的P0～P3任意的8个I/O口。如果接P0口，P0口应该接4.7～10 kΩ的上拉电阻。

（8）A是背光正极，可接一个10～47 Ω的限流电阻到VDD。

（9）K是背光负极，接VSS。

如图4-11所示为51系列单片机与字符型液晶显示器模块LCD1602的接口示例。单片机通过并行接口P0、P1和P2.5的操作，间接地实现对字符型LCD的控制。在编制程序时，对LCD控制信号（RS、R/W、E）的要求是：写操作时，使能信号E的下降沿有效；读操作时，使能信号E在高电平有效；在控制顺序上，先设置RS、R/W状态，再设置E信号为高电平。

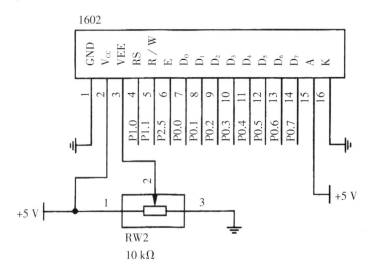

图4-11　51系列单片机与字符型LCD1602的接口示例

三、LCD命令字

在应用LCD进行显示控制时，通过其引脚线发送相应命令和数据到内部指令寄存器或数据寄存器中，控制LCD完成相应的显示功能。内置HD44780驱动控制器的字符型液晶显示模块可以使用的指令共有11条，其指令格式定义见表4-2所列。

表4-2　LCD指令格式定义一览表

序号	指令名称	RS	R/W	D_7	D_6	D_5	D_4	D_3	D_2	D_1	D_0
1	清屏	0	0	0	0	0	0	0	0	0	1
2	光标归位	0	0	0	0	0	0	0	0	1	*
3	进入模式设置	0	0	0	0	0	0	0	1	I/D	S
4	显示开/关控制	0	0	0	0	0	0	1	D	C	B
5	设定显示屏与光标移动方向	0	0	0	0	0	1	S/C	R/L	*	*
6	功能设定	0	0	0	0	1	DL	N	F	*	*
7	设置字符发生存储器地址	0	0	0	1	字符发生存储器地址			
8	设置数据存储器地址	0	0	1	显示数据存储器地址				
9	读忙标志或地址	0	1	BF	计数器地址				
10	数据写入CGRAM或DDRAM	1	0	要写的数据内容					
11	从CGRAM或DDRAM读出数据	1	1	读出的数据内容					

注：表中的*可以表示为0或1。

下面对相关的指令功能及格式定义做进一步说明。

1. 清屏指令

清屏指令见表4-3所列。

表4-3　清屏指令

指令功能	指令编码										执行时间/ms
	RS	R/W	D_7	D_6	D_5	D_4	D_3	D_2	D_1	D_0	
清屏	0	0	0	0	0	0	0	0	0	1	1.64

功能：

（1）清除液晶显示器，即将DDRAM的内容全部填入"空白"的ASCII码20H；

（2）光标归位，即将光标撤回液晶显示屏的左上方；

（3）将地址计数器（AC）的值设为0。

2. 光标归位指令

光标归位指令见表4-4所列。

表4-4　光标归位指令

指令功能	指令编码										执行时间/ms
	RS	R/W	D_7	D_6	D_5	D_4	D_3	D_2	D_1	D_0	
光标归位	0	0	0	0	0	0	0	0	1	*	1.64

功能：

（1）把光标撤回到显示器的左上方；

（2）把地址计数器（AC）的值设置为0；

（3）保持DDRAM的内容不变。

3. 进入模式设置指令

进入模式设置指令见表4-5所列。

表4-5　进入模式设置指令

指令功能	指令编码										执行时间/μs
	RS	R/W	D_7	D_6	D_5	D_4	D_3	D_2	D_1	D_0	
进入模式设置	0	0	0	0	0	0	0	1	I/D	S	40

功能：设定每次写入1位数据后光标的移位方向，并且设定每次写入的1个字符是否移动。参数设定的情况如下所示。

位名　设置

I/D　0=写入新数据后光标左移，1=写入新数据后光标右移。

S　　0=写入新数据后显示屏不移动，1=写入新数据后显示屏整体右移1个字符。

4. 显示开／关控制指令

显示开／关控制指令见表4-6所列。

表4-6　显示开／关控制指令

指令功能	指令编码										执行时间/μs
	RS	R/W	D_7	D_6	D_5	D_4	D_3	D_2	D_1	D_0	
显示开/关控制	0	0	0	0	0	0	1	D	C	B	40

功能：控制显示器开／关、光标显示／关闭以及光标是否闪烁。参数设定的情况如下所示。

位名　设置

D　　0=显示功能关，1=显示功能开。

C　　0=无光标，1=有光标。

B　　0=光标闪烁，1=光标不闪烁。

5. 设定显示屏或光标移动方向指令

设定显示屏或光标移动方向指令见表4-7所列。

表4-7　设定显示屏或光标移动方向指令

指令功能	指令编码										执行时间/μs
	RS	R/W	D_7	D_6	D_5	D_4	D_3	D_2	D_1	D_0	
设定显示屏或光标移动方向	0	0	0	0	0	1	S/C	R/L	*	*	40

功能：使光标移位或使整个显示屏幕移位。参数设定的情况如下所示。

S/C	R/L	设定情况0
0	0	光标左移1格,且AC值减1。
0	1	光标右移1格,且AC值加1。
1	0	显示器上字符全部左移一格,但光标不动。
1	1	显示器上字符全部右移一格,但光标不动。

6. 功能设定指令

功能设定指令见表4-8所列。

表4-8　功能设定指令

指令功能	指令编码										执行时间/μs
	RS	R/W	D_7	D_6	D_5	D_4	D_3	D_2	D_1	D_0	
功能设定	0	0	0	0	1	DL	N	F	*	*	40

功能：设定数据位数、显示的行数及字形。参数设定的情况如下所示。

位名	设置
DL	0=数据总线为4位,1=数据总线为8位。
N	0=显示1行,1=显示2行。
F	0=5×7点阵/每字符,1=5×10点阵/每字符。

7. 设定CGRAM地址指令

设定CGRAM地址指令见表4-9所列。

表4-9　设定CGRAM地址指令

指令功能	指令编码										执行时间/μs
	RS	R/W	D_7	D_6	D_5	D_4	D_3	D_2	D_1	D_0	
设定CGRAM地址	0	0	0	1	CGRAM的地址（6位）						40

功能：设定下一个要存入数据的CGRAM的地址。

8. 设定DDRAM地址指令

设定DDRAM地址指令见表4-10所列。

表4-10　设定DDRAM地址指令

指令功能	指令编码										执行时间/μs
	RS	R/W	D_7	D_6	D_5	D_4	D_3	D_2	D_1	D_0	
设定DDRAM地址	0	0	1	DDRAM的地址（7位）							40

功能：设定下一个要存入数据的DDRAM的地址。

9. 读取忙信号或AC地址指令

读取忙信号或AC地址指令见表4-11所列。

表4-11　读取忙信号或AC地址指令

指令功能	指令编码										执行时间/μs
	RS	R/W	D_7	D_6	D_5	D_4	D_3	D_2	D_1	D_0	
读取忙信号或AC地址	0	1	BF	AC内容（7位）							40

功能：

（1）读取忙信号BF的内容，当BF＝1时，表示液晶显示器忙，暂时无法接收单片机送来的数据或指令；当BF＝0时，液晶显示器可以接收单片机送来的数据或指令；

（2）读取地址计数器（AC）的内容。

10. 数据写入DDRAM或CGRAM指令

数据写入DDRAM或CGRAM指令见表4-12所示。

表4-12　数据写入DDRAM或CGRAM指令

指令功能	指令编码										执行时间/μs
	RS	R/W	D_7	D_6	D_5	D_4	D_3	D_2	D_1	D_0	
数据写入DDRAM或CGRAM	1	0	要写入的数据D_7～D_0								40

功能：

（1）将字符码写入DDRAM，以使液晶显示屏显示出相对应的字符；

（2）将使用者自己设计的图形存入CGRAM。

11. 从CGRAM或DDRAM读出数据的指令

从CGRAM或DDRAM读出数据的指令见表4-13所列。

表4-13　从CGRAM或DDRAM读出数据的指令

指令功能	指令编码										执行时间/μs
	RS	R/W	D_7	D_6	D_5	D_4	D_3	D_2	D_1	D_0	
从CGRAM或DDRAM读出数据	1	1	要读出的数据D_7～D_0								40

功能：读取DDRAM或CGRAM中的内容。

第四节 基于1602数据显示的软硬件设计

一、任务要求

控制开发板1602字符型LCD，显示两行内容，第一行显示姓名，第二行显示学号，行居中。如：

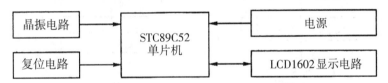

(1) 设计STC89C52单片机控制1602数据显示的硬件电路。

(2) 设计调试单片机控制1602数据显示字符程序的方法。

(3) 下载程序到单片机中，运行程序观察结果并进行软硬件的联合调试。

二、系统设计

根据系统要求画出基于STC89C52单片机的LCD1602显示器控制框图如图4-12所示。整个系统包括STC89C52单片机、晶振电路、复位电路、电源和LCD1602显示电路。

图4-12 基于STC89C52单片机的LCD1602显示器控制框图

三、硬件设计

根据图4-12设计出STC89C52单片机控制LCD1602的硬件电路图如前面图4-11所示。

四、软件设计

LCD在使用之前需要根据具体配置情况初始化，初始化可在复位后完成，LCD1602初始化过程一般如下。

(1) 清屏。清除屏幕，将显示缓冲区DDRAM的内容全部写入空格（ASCII20H）；光标复位，回到显示器的左上角；地址计数器AC清零。

(2) 功能设置。设置数据位数，根据LCD1602与处理器的连接选择数据位数（LCD1602与51系列单片机连接时一般选择8位）；设置显示行数（LCD1602为双行显示）；设置字形大小（LCD1602为5×7点阵）。

(3) 开/关显示设置。控制光标显示、字符闪烁等。

(4) 输入方式设置。设定光标的移动方向以及后面的内容是否移动。初始化后就可用

LCD进行显示，显示时应根据显示的位置先定位，即设置当前显示缓冲区DDRAM的地址，再向当前显示缓冲区写入要显示的内容，如果连续显示，则可连续写入显示的内容。由于LCD是外部设备，处理速度比CPU的速度慢，向LCD写入命令到完成功能需要一定的时间，在这个过程中，LCD处于忙状态，不能向LCD写入新的内容。LCD是否处于忙状态可通过读忙标志命令来了解。另外，由于LCD执行命令的时间基本固定，而且比较短，因此也可以通过延时，等待命令完成后再写入下一个命令。

　　基于LCD1602的学号姓名显示程序设计的初始化流程图、写数据流程图、写指令流程图和主流程图如图4-13～图4-16所示。

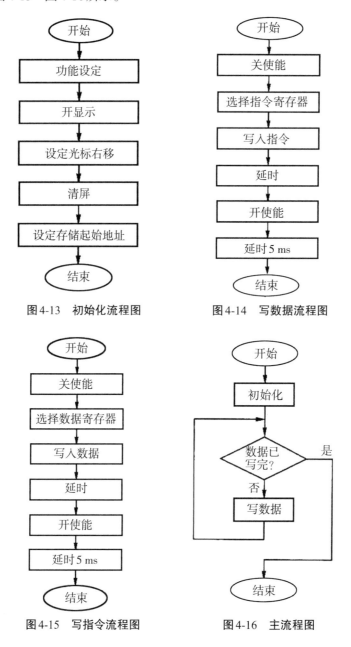

图4-13　初始化流程图　　　　图4-14　写数据流程图

图4-15　写指令流程图　　　　图4-16　主流程图

第五章　单片机的中断系统

中断系统是单片机的重要内部资源，对单片机实时性应用具有举足轻重的作用。本章从中断的概念入手，通过对比查询法和中断法，展示中断法的价值。随后介绍51系列单片机的中断控制系统结构、中断控制原理、中断处理过程等内容。在此基础上，通过几个典型中断源的设计示例，介绍中断函数的C51编程方法，使读者更好地掌握中断的知识。

第一节　中断的概念

计算机具有实时处理能力，能对突然发生的事件，如人工干预、外部事件及意外故障做出及时的响应或处理，这是依靠它的中断系统来实现的。

首先以现实生活中的例子说明中断的概念。如某人正在看报纸时忽然电话铃响了，他可能放下报纸去接电话。电话打完后，他再重新看报纸。这种停止手头任务去执行一项更紧急的任务，等到紧急任务完成后再继续执行原来任务的概念就是中断。不仅如此，还可能有更复杂的情形（如图5-1所示），如某人在看报纸的时候电话铃突然响了，在接电话过程中又发现厨房的水开了，这时必须立刻中止接电话，先去厨房关煤气，然后接着接电话，电话接完后才能继续看报纸。这一过程包含了电话铃响和水开了两个突发事件，看报纸的活动被连续两次突发事件中断。

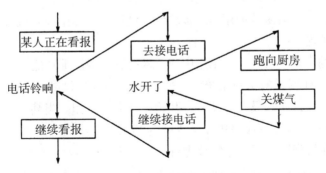

图5-1　生活中的中断例子

同理，单片机中也可有类似的中断问题，如若规定按键扫描处理优先于显示器输出处理，则CPU在处理显示器内容的过程中，可以被按键的动作打断，转而处理键盘扫描问题。待键盘扫描结束后再继续进行显示器内容处理。由此可见，所谓中断是指计算机在运行当前程序的过程中，若遇紧急或突发事件，可以暂停当前程序的运行，转向处理突发事件，处理完后再从当前程序的间断处接着运行。如果把人比作单片机中的CPU，大脑就相当于CPU的中断管理系统。由中断管理系统处理突发事件的过程，称为CPU的中断响应过程。中断管理系统能够处理的突发事件称为中断源，中断源向CPU提出的处理请求称为中断请求，为中断源和中断请求提供的服务函数称为中断服务函数（或中断函数）。在中断服务过程中执行更高级别的中断服务称为中断嵌套，具有中断嵌套功能的系统称为多级中断系统；反之称为单级中断系统。二级中断系统如图5-2所示。

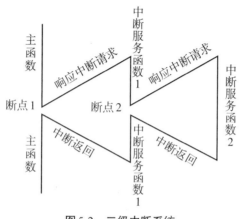

图5-2 二级中断系统

图5-2表明，中断过程与调用一般函数过程有许多相似性，如两者都需要保护断点，都可实现多级嵌套等。但中断过程与调用一般函数过程从本质上讲是不同的，主要表现在服务时间与服务对象方面。

首先，调用一般函数过程是程序设计者事先安排的，而调用中断函数过程却是系统根据工作环境随机决定的。因此，前者在调用函数中的断点是明确的，而后者在调用中断函数时的断点则是随机的。其次，主函数与调用函数之间具有主从关系，而主函数与中断函数之间则是平行关系。最后，一般函数调用是纯粹软件处理过程，而中断函数调用却是需要软、硬件配合才能完成的过程。

中断是计算机的一个重要功能，采用中断技术能够实现以下功能。

（1）分时操作：计算机的中断系统可以使CPU与多个外设同时工作。CPU在启动外设后，便继续执行主程序；而外设被启动后，开始进行准备工作。当某一外设准备就绪时，就向CPU发出中断请求，CPU响应该中断请求并为其服务完毕后，返回到原来的断点处继续运行主程序。外设在得到服务后，也继续进行自己的工作。因此，CPU可以使多个外设同时工作，并分时为各外设提供服务，从而大大提高了CPU的利用率和输入/输出的速度。

（2）实时处理：当计算机用于实时控制时，请求CPU提供服务是随机发生的。有了中断系统，CPU就可以立即响应并加以处理。

（3）故障处理：计算机在运行时往往会出现一些故障，如电源断电、存储器奇偶校验出错、运算溢出等。有了中断系统，当出现上述情况时，CPU可及时转去执行故障处理程序，自行处理故障而不会死机。

例5-1：查询法与中断做法对比。

如图5-3所示的单片机开关状态检测单元中，P2.0引脚处接有一个发光二极管D1，P3.2引脚处接有一个按键。要求分别采用查询法和中断编程法，实现每压下一次按键，D1的发光状态反转一次的功能。

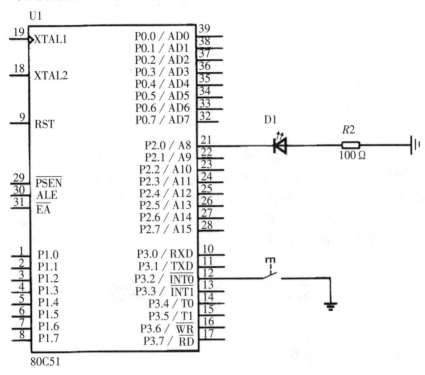

图5-3 单片机开关状态检测单元

分析：通过反复判断P3.2引脚的电平状态，可编写出基于查询法的以下程序。

```
#include <reg51.h>
sbit p1_0=P1^0;                    //定义位变量
sbit p3_2=P3^2;                    //定义位变量
main(){
    while(1){                      //无限循环
        if(p3_2==0)p1_0=!p1_0;     //如果按键压下,D1电平翻转
}}
```

程序表明，只有p3_2为0电平时才将p1_0变量值取反，实现按键压下一次、D1的发光状态翻转一次的功能，而其余时间一直在进行循环检测。显然这一过程要消耗大量主函数机时。若采用中断方式，则可编写出以下程序。

```
#include <reg51.h>
sbit p1_0=P1^0;                    //定义位变量
Int0_srv( ) interrupt 0 {          //中断服务函数
     p1_0=!p1_0;                   //输出翻转电平
}
void main( ){
     IT0=1;                        //中断初始化
     IE=0x81;                      //中断初始化
     while(1);                     //无限循环
}
```

这一程序由主函数和中断函数组成，中断函数 int0_srv()完成 p1_0 电平翻转作用。可见，该程序也可以实现按键压下一次、D1 的发光状态翻转一次的功能。显然，由于该主函数中没有按键检测语句，故不会消耗主函数大量检测机时。但没有按键检测语句，中断服务函数又是如何自动执行的？该主函数中的两条变量赋值语句起什么作用？要回答这些问题，需要进一步了解中断控制系统的内容。

第二节 中断控制系统

一、中断控制系统的结构

（一）中断源

中断源是中断控制系统能够处理的突发事件。显然，中断源的数量和种类越多，单片机处理突发事件的能力就越强。51系列单片机中断源的数量因具体机型而异，典型的80C51单片机共有5个中断源，见表5-1所列。

表5-1　80C51单片机中断源的基本内容

80C51单片机的中断标志位来源	中断源名称	中断向量	中断号
P3.2引脚的电平/脉冲状态	$\overline{INT0}$	0003H	0
定时/计数器0的溢出标志位状态	T0	000BH	1
P3.3引脚的电平/脉冲状态	$\overline{INT1}$	0013H	2
定时/计数器1的溢出标志位状态	T1	001BH	3
串口数据缓冲器的工作状态	TX/RX	0023H	4

表5-1中，$\overline{INT0}$ 和 $\overline{INT1}$ 都是以单片机特定引脚上的电平或脉冲状态为中断事件的，统称为外部中断；而其余3个中断源都是以单片机内部某个标志位的电平状态为中断事件的，

统称为内部中断。

中断事件出现后，系统将调用与该中断源相对应的中断函数进行中断处理。汇编语言中规定了5个特殊的ROM单元用于引导中断程序的调用，这些单元的地址称为中断向量。汇编编程时，需要在此单元处放置一条指向中断程序入口地址的跳转语句，以便引导中断程序的执行。对于C51语言，调用中断函数时不用中断向量，而要用到与中断源相应的中断号。

（二）中断请求标志

当中断源的突发事件出现时，单片机中某些特殊功能寄存器的特殊标志位将被硬件方式自动修改，这些特殊标志位称为中断请求标志。在程序运行过程中，CPU只要定期查看中断请求标志是否为1，便可知道有无中断事件发生。0~3号中断源中各有1个中断请求标志，而4号中断源对应有2个中断请求标志（但共用1个中断号）。表5-2中列出了中断源与中断请求标志的关系。

表5-2 中断源与中断请求标志的关系

中断源名称	中断触发方式	中断请求标志及阈值
$\overline{INT0}$	P3.2出现低电平或负跳变脉冲后	IE0=1
T0	定时/计数器T0接收的脉冲数达到溢出程度后	TF0=1
$\overline{INT1}$	P3.3出现低电平或负跳变脉冲后	IE1=1
T1	定时/计数器T1接收的脉冲数达到溢出程度后	TF1=1
TX/RX	一帧串行数据被发送出去后	T1=1
	一帧串行数据被接收进来后	R1=1

可见，当中断源出现某种特定信号时，相应的中断请求标志位将自动置1。中断请求标志清0问题比较复杂，将在中断撤销的内容中介绍。为了更好地理解表5-2，下面分别介绍中断请求标志的工作原理。

1. 外部中断源（$\overline{INT0}$ 和 $\overline{INT1}$）

$\overline{INT0}$ 信号通过P3.2引脚输入，$\overline{INT1}$ 信号通过P3.3引脚输入，输入的信号可有电平和脉冲两种形式。$\overline{INT0}$ 中断请求原理如图5-4所示。

在图5-4中，$\overline{INT0}$ 信号可以通过IT0逻辑开关切换后，分两路作用到中断请求标志单元IE0上。其中，若IT0=0，则 $\overline{INT0}$ 信号可经非门到达IE0。此时，若 $\overline{INT0}$ 为高电平，则IE0硬件清0；若 $\overline{INT0}$ 为低电平，则IE0硬件置1。若IT0=1，则 $\overline{INT0}$ 信号可经施密特触发器到达IE0。此时，若 $\overline{INT0}$ 为正跳变脉冲，则IE0硬件清0；若 $\overline{INT0}$ 为负跳变脉冲，则IE0硬件置1。可见，在IT0的控制下，上述两种烈T0信号都可影响中断请求标志IE0。

同理可以说明 $\overline{INT1}$ 信号与IE1标志的关系。

2. 内部中断源（T0和T1）

51系列单片机内部有两个完全相同的定时/计数器T0和定时/计数器T1。在T0或T1中装入初值并闭合逻辑开关后，T0或T1中便会自动累加注入的脉冲信号。T0的工作原理如图5-5所示。

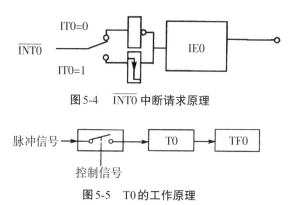

图 5-4 $\overline{\text{INT0}}$ 中断请求原理

图 5-5 T0 的工作原理

当 T0 被充满溢出后，可向位寄存器 TF0 "进位"，产生硬件置 1 的效果。TF0 在系统响应中断请求后才会被硬件清 0，否则将一直保持溢出时的高电平状态。

同理可以说明中断源 T1 与中断请求标志 TF1 的关系。

3. 串行口中断源（TX／RX）

51 系列单片机具有内部发送控制器和接收控制器，可对串行数据进行收发控制，如图 5-6 所示。若来自端口 RXD 的一帧数据经过移位寄存器被送入 "接收 SBUF" 单元，接收控制器将使位寄存器 R1 硬件置 1；同理，若来自 "发送 SBUF" 单元的一帧数据经过输出门发送出去，发送控制器将使位寄存器 T1 硬件置 1。与前 4 种中断源不同的是，系统响应中断后，R1 和 T1 都不会采取硬件方式清 0，而是采取软件方式清 0。

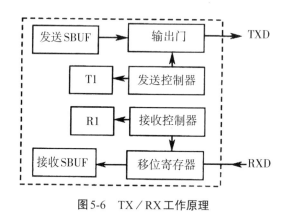

图 5-6 TX／RX 工作原理

二、中断控制原理

用户对单片机中断系统的操作是通过控制寄存器来实现的。因此，80C51 单片机设置了 4 个控制寄存器，即定时／计数器控制寄存器 TCON、串行口控制寄存器 SCON、中断允许寄存器 IE 和中断优先级寄存器 IP。这 4 个控制寄存器都是特殊功能寄存器，由它们组成的中断系统如图 5-7 所示。

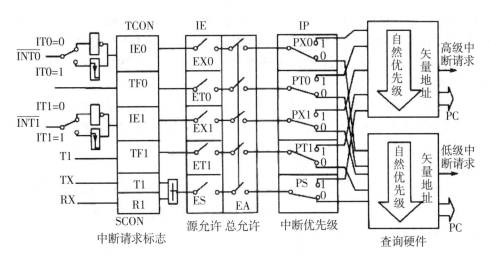

图5-7　中断系统的组成

　　图5-7中显示，中断信号的传送是分别沿着5条水平路径由左向右进行的，4个控制寄存器在中断中的作用已经清楚地表现出来了，下面分别进行介绍。

1. TCON

　　TCON为定时／计数器控制寄存器（timer／counter control register），字节地址为88H，可位寻址。该字节寄存器中有6个位寄存器与中断有关，2个位寄存器与定时／计数器有关，TCON的位定义如图5-8所示。

TF1	TR1	TF0	TR0	IE1	IT1	IE0	IT0
8FH	8EH	8DH	8CH	8BH	BAH	89H	88H
位7	位6	位5	位4	位3	位2	位1	位0

　　位7:定时/计数器T1的溢出中断请求标志位,TF1启动T1计数后,T1从初值开始加1计数,当最高位产生溢出时,由硬件将TF1置1,并向CPU申请中断,当CPU响应TF1中断时,将TF1清0;
　　位5:定时/计数器T0的溢出中断请求标志位,TF0作用同TF1;
　　位3:外部中断1的中断请求标志位,IE1;
　　　　IT1=0:在每个机器周期对 $\overline{\text{INT1}}$ 引脚进行采样,若为低电平,则IE1=1,否则IE1=0;
　　　　IT1=1:当某一个机器周期采样到 $\overline{\text{INT1}}$ 引脚从高电平跳变为低电平时,IE1=1,此时表示外部中断0正在向CPU申请中断;当CPU响应中断转向中断服务程序时,由硬件将IE1清0;
　　位2:外部中断1的中断触发方式控制位,IT1;
　　　　0:电平触发方式,引脚 $\overline{\text{INT1}}$ 上低电平有效;
　　　　1:边沿触发方式,引脚 $\overline{\text{INT1}}$ 上的电平从高到低的负跳变有效;
　　　　可由软件置1或清0;
　　位1:外部中断0的中断请求标志位,IE0作用同IE1;
　　位0:外部中断0的中断触发方式控制位,IT0作用同IT1。

图5-8　TCON的位定义

由图5-8可知，与中断有关的位寄存器分别为 $\overline{INT0}$ 的中断请求标志位 IE0（TCON^1）、T0 的中断请求标志位 TF0（TCON^5）、$\overline{INT1}$ 的中断请求标志位 IE1（TCON^3）、T1 的中断请求标志位 TF1（TCON^7）、$\overline{INT0}$ 的中断触发方式选择位 IT0（TCON^0）和 $\overline{INT1}$ 的中断触发方式选择位 IT1（TCON^2）。

另外，还有两个位寄存器——TR1 和 TR0，它们都与中断无关，但与定时／计数器 T1 和 T0 有关。51 系列单片机复位后，TCON 初值为 0，即默认为无上述 4 个中断请求，且为电平触发外部中断方式。

2. SCON

SCON 为串行口控制寄存器（serial control register），字节地址为 98H，可位寻址。SCON 中只有两位与中断有关，即接收中断请求标志位 RI（SCON^0）和发送中断请求标志位 T1（SCON^1），SCON 的位定义如图5-9所示。

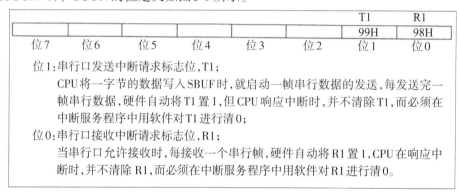

图5-9 SCON 的位定义

结合图5-7可知，T1 和 R1 虽然是两个中断请求标志位，但在 SCON 之后经或门电路合成为一个信息，统一接受中断管理。

3. IE

IE 为中断允许寄存器（interrupt enable register），字节地址为 A8H，可位寻址。中断请求标志硬件置1后，能否得到 CPU 中断响应取决于 CPU 是否允许中断。允许中断称为中断开放，不允许中断称为中断屏蔽。

从图5-7中可以看出，中断请求标志要受两级"开关"的串联控制，即 5 个源允许和 1 个总允许。当总允许位寄存器 EA=0 时，所有的中断请求都被屏蔽；当 EA=1 时，CPU 开放总中断。每个源允许位寄存器对中断请求的控制作用都是单项的，可以根据需要分别使其处于开放（=1）或屏蔽（=0）状态。IE 的位定义如图5-10所示。

EA			ES	ET1	EX1	ET0	EX0
AFH			ACH	ABH	AAH	A9H	A8H
位7	位6	位5	位4	位3	位2	位1	位0

位7:中断总允许位,EA;

    1:CPU开放中断;

    0:CPU屏蔽所有的中断申请;

位4:串行口中断允许位,ES;

    1:允许串行口中断;

    0:禁止串行口中断;

位3:定时/计数器T1的溢出中断允许位,ET1;

    1:允许T1中断;

    0:禁止T1中断;

位2:外部中断1中断允许位,EX1;

    1:允许外部中断1中断;

    0:禁止外部中断1中断;

位1:定时/计数器T0的溢出中断允许位,ET0,作用同ET1;

位0:外部中断0中断允许位,EX0,作用同EX1。

图5-10 IE的位定义

单片机复位后,IE的初值为0,因此默认为是整体中断屏蔽。若要在程序中使用中断,必须通过软件方式进行中断初始化。

4. IP

IP为中断优先级寄存器(interrupt priority registers),字节地址为B8H,可位寻址。IP的位定义如图5-11所示。

			PS	PT1	PX1	PT0	PX0
			BCH	BBH	BAH	B9H	B8H
位7	位6	位5	位4	位3	位2	位1	位0

位4:串行口中断优先级控制位,PS;

    1:串行口中断定义为高优先级中断;

    0:串行口中断定义为低优先级中断;

位3:定时/计数器T1中断优先级控制位,PT1;

    1:定时器T1定义为高优先级中断;

    0:定时器T1定义为低优先级中断;

位2:外部中断1中断优先级控制位,PX1;

    1:外部中断1定义为高优先级中断;

    0:外部中断1定义为低优先级中断;

位1:定时/计数器T0中断优先级控制位,PT0,作用同PT1;

位0:外部中断0中断优先级控制位,PX0,作用同PX1。

图5-11 IP的位定义

根据图5-11，51系列单片机的每个中断源都可被设置为高优先级中断（=1）或低优先级中断（=0）。其中，运行中的低优先级中断函数可被高优先级中断请求打断（实现中断嵌套），而运行中的高优先级中断函数则不能被低优先级中断请求打断。此外，同级的中断请求不能打断正在运行的同级中断函数。

为了实现上述中断系统优先级功能，51系列单片机的中断系统有两个不可寻址的优先级状态触发器。其中一个指出CPU是否正在执行高优先级中断服务程序，如果该触发器置1时，所有后来的中断均被阻止；另一个指出CPU是否正在执行低优先级中断服务程序，该触发器置1时所有同级的中断都被阻止，但不阻止高优先级的中断。

当多个同级中断源同时提出中断请求时，CPU将依据表5-3所列的中断自然优先级查询中断请求，自然优先级高的中断请求优先得到响应。

表5-3　中断源、中断号和中断自然优先级

中断源	中断号	中断自然优先级
$\overline{INT0}$	0	
T0	1	
$\overline{INT1}$	2	高 ↓ 低
T1	3	
TX/RX	4	

结合图5-8可知，通过设置IP，每个中断请求都可被划分到高级中断请求或低级中断请求的队列中，每个队列中又可依据自然优先级排队。如此一来，用户就能根据需要指定中断源的重要等级。51系列单片机复位后，IP初值为0，即默认为全部低级中断。

三、中断处理过程

中断处理包括中断请求、中断响应、中断服务、中断返回等环节。其中中断请求在前面已有介绍，中断返回与C51编程关系不大，故本节仅对与中断响应、中断服务有关的内容进行介绍。

（一）中断响应

中断响应是指CPU从发现中断请求，到开始执行中断函数的过程。CPU响应中断的基本条件为：①有中断源发出中断请求；②中断总允许位EA=1，即CPU开中断；③申请中断的中断源的中断允许位为1，即没有被屏蔽。

满足以上条件后，CPU一般都会响应中断。但如果遇到一些特殊情况，中断响应还将被阻止，如CPU正在执行某些特殊指令，或CPU正在处理同级的或更高优先级的中断等。待这些中断情况撤销后，若中断标志尚未消失，则CPU还可继续响应中断请求，否则中断响应将被中止。CPU响应中断后，由硬件自动执行以下功能操作：①中断优先级查询，对后来的同级或低级中断请求不予响应；②保护断点，即把程序计数器PC的内容压入堆栈保存；

③清除可清除的中断请求标志位；④调用中断函数并开始运行；⑤返回断点继续运行。

可见，除中断函数运行是软件方式外，其余中断处理过程都是由单片机硬件自动完成的。

（二）响应时间

从查询中断请求标志到执行中断函数第一条语句所经历的时间，称为中断响应时间。不同中断情况，中断响应时间是不一样的，以外部中断为例，最短的响应时间为3个机器周期。这是因为，CPU在每个机器周期的S6期间查询每个中断请求的标志位。如果该中断请求满足所有中断条件，则CPU从下一个机器周期开始调用中断函数，而完成调用中断函数的时间需要2个机器周期。这样中断响应共经历了1个查询机器周期加2个调用中断函数周期，总计3个机器周期，这也是对中断请求做出响应所需的最短时间。如果中断响应受阻，则需要更长的响应时间，最长响应时间为8个机器周期。一般情况下，在一个单中断系统里，外部中断的响应时间为3～8个机器周期。如果是多中断系统，且出现了同级或高级中断正在响应或正在服务中，则需要等待响应，那么响应时间就无法计算了。这表明，即使采用中断处理突发事件，CPU也存在一定的滞后时间。在可能的范围内提高单片机的时钟频率（缩短机器周期），可减少中断响应时间。

（三）中断撤销

中断响应后，TCON和SCON中的中断请求标志应及时清0，否则中断请求将仍然存在，并可能引起中断误响应。不同中断请求的撤销方法不同。对于定时/计数器中断，中断响应后，由硬件自动对中断标志位TF0和TF1清0，中断请求可自动撤销，无须采取其他措施。对于脉冲触发的外部中断请求，在中断响应后，也由硬件自动对中断请求标志位IE0和IE1均清0，即中断请求的撤销也是自动的。

对于电平触发的外部中断请求，情况则不同。中断响应后，硬件不能自动对中断请求标志位IE0和IE1清0。中断的撤销，要依靠清除 $\overline{INT0}$ 和 $\overline{INT1}$ 引脚上的低电平，并用软件使中断请求标志位清0才能有效。由于清除低电平需要有外加硬件电路配合，比较烦琐，因而脉冲触发方式是常用的做法。

对于串口中断，其中断标志位T1和R1不能自动清0。因为在中断响应后，还要测试这两个标志位的状态，以判定是接收操作还是发送操作，然后才能清除。所以串口中断请求的撤销是通过软件方法实现的。

（四）中断函数

中断服务是针对中断源的具体要求进行设计的，需要用户自己编写。C51中断函数如下：

> void 函数名（void）interrupt n （using m）
> {函数体语句}

这里 interrupt 和 using 都是 C51 扩展的关键词，其中，整数 n 是与中断源相对应的中断号，使用 interrupt n 可以让编译器知道相应中断向量地址（=8n+3），并在这个地址上自动安排一个指向该中断函数首地址的无条件跳转指令。由于无须人工处理跳转，编写 C51 中断函数要比编写汇编语言中断服务程序更加简明快捷。由表 5-1 可知，C51 中断号 n 与 80C51 中断源的关系为：从 n=0～4 依次对应于 $\overline{INT0}$、T0、$\overline{INT1}$、T1、TX／RX。

整数 m 是工作寄存器组的组号，C51 组号 m 与 80C51 工作寄存器组的关系见表 5-4 所列。使用 using m 可以切换工作寄存器组，省去中断响应时为保护断点进行的压栈操作，从而提高中断处理的实时性。using m 省略时默认采用当前工作寄存器组（由特殊功能寄存器 PSW 的 RS1 和 RS0 位设定）。

表 5-4　组号 m 与工作寄存器组的关系

组号 m	工作寄存器组	字节地址	RS1　RS0
0	第 0 组：R0～R7	0～0x07	0　0
1	第 1 组：R0～R7	0x08～0x0f	0　1
2	第 2 组：R0～R7	0x10～0x17	1　0
3	第 3 组：R0～R7	0x18～0x1f	1　1

比较这两个函数的定义格式可见，C51 中断函数是 C51 一般函数的一个特例：①中断函数是没有返回值的 void 型函数；②中断函数是没有形参的无参函数；③中断函数采用系统默认编译模式；④中断函数不是可重入的函数。

使用 C51 中断函数还需要注意以下几点。①允许在中断函数中使用 return 语句（表示结束中断），但不能使用带有表达式的 return 语句，如 return（z）。②可以通过使用全局变量，将变量值传入或传出中断函数，以此弥补无参和无返回值的使用限制；③中断函数只能被系统调用，不能被其他任意函数调用。④为提高中断响应的实时性，中断函数应尽量简短，并尽量使用简单变量类型及简单算术运算。一种常用的编程做法是，在中断函数中仅更新全局性标志变量值，而在主函数或其他函数中根据该标志变量值再做相应处理，这样就能较好地发挥中断对突发事件的应急处理能力。

第三节 中断源的设计示例

下面将介绍几个中断源的设计示例。

一、单个中断源设计示例

例5-2：单个外部中断源示例。

图5-12所示为采用单个中断源的数据采集系统示意图。将P1.0口设置成数据输入口，外围设备每准备好一个数据，就发出一个选通信号（正脉冲）给CP。由74LS74芯片引脚真值表5-5可知，Q端将置1，$\bar{Q}$端将向$\overline{INT0}$引脚输入一个低电平中断请求信号。当采用电平触发方式时，外部中断请求标志IE0（或IE1）在CPU响应中断时不能由硬件自动清除，但为了防止引起多次中断，必须要用硬件清除输入$\overline{INT0}$引脚的低电平。清除$\overline{INT0}$引脚低电平的方法是将P3.0口与D触发器复位端$\bar{R}_D$相连，只要在中断服务程序中，自P3.0口输出一个负脉冲，就能使D触发器Q端复位，$\bar{Q}$端置1，即$\overline{INT0}$引脚将被接入高电平，从而彻底清除IE0标志。

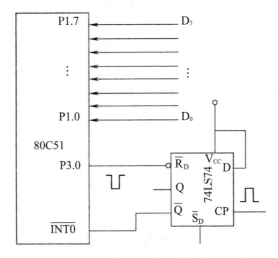

图5-12 单个中断源的数据采集系统示意图

表5-5 74LS74芯片引脚的真值表

输入				输出		输入				输出	
$\bar{S}_D$	$\bar{R}_D$	CP	D	Q_{n+1}	$\bar{Q}_{n+1}$	$\bar{S}_D$	$\bar{R}_D$	CP	D	Q_{n+1}	$\bar{Q}_{n+1}$
0	1	×	×	1	0	1	1	↑	1	1	0
1	0	×	×	0	1	1	1	↑	0	0	1
0	0	×	×	1	1	1	1	↓	×	Q_n	$\bar{Q}_n$

分析：程序如下。

```
        ORG    0000H
START： LJMP   MAIN                    ；跳转到主程序
        ORG    0003H
        LJMP   INT0                    ；转向中断服务程序
        ORG    0200H                   ；主程序
        MAIN：CLR    IT0                ；设 INT0 为电平触发方式
        SETB   EA                      ；CPU 开放中断
        SETB   EX0                     ；允许 INT0 中断
        MOV    DPTR，#1000H            ；设置数据区地址指针
        …
        …
        ORG    0200H                   ；INT0 中断服务程序
INT0： PUSH   PSW                      ；保护现场
        PUSH   ACC
        CLR    P3.0                    ；由 P3.0 输出 0
        NOP
        NOP
        SETB   P3.0                    ；由 P3.0 输出负脉冲，清除 INT0
        MOV    P1，#0FFH               ；将 P1 引脚作为数据输入端
        MOV    A，P1                   ；输入数据
        MOVX   @DPTR，A                ；存入数据存储器
        INC    DPTR                    ；修改数据指针，指向下一个单元
        …
        POP    ACC                     ；恢复现场
        POP    PSW
        RETI                           ；中断返回
```

例 5-3：出租车计价器的计程方法是车轮每运转一圈产生一个负脉冲，从外部中断 INT0（P3.2）引脚输入，行驶里程为轮胎周长×运转圈数，设轮胎周长为 2 m，试通过编程实时计算出租车行驶里程（单位为 m），数据存入 32H、31H、30H 中。

分析：程序如下。

```
        ORG    0000H                   ；复位地址
        LJMP   START                   ；转初始化
        ORG    0003H                   ；中断入口地址
        LJMP   INT0                    ；转中断服务程序
        ORG    0100H                   ；初始化程序首地址
```

```
START: MOV    SP,    #60H      ; 置堆栈指针
       SETB   IT0              ; 置边沿触发方式
       MOV    IP,    #01H      ; 置高优先级
       MOV    IE,    #81H      ; 开中断
       MOV    30H,   #0        ; 里程计数器清0
       MOV    31H,   #0
       MOV    32H,   #0
       LJMP   MAIN             ; 转主程序并等待中断
       ORG    0200H            ; 中断服务子程序首地址
INT0:  PUSH   ACC              ; 保护现场
       PUSH   PSW
       MOV    A,     30H       ; 读低8位计数器
       ADD    A,     #2        ; 低8位计数器加2 m
       MOV    30H,   A         ; 回存
       CLR    A
       ADDC   A,     31H,      ; 中8位计数器加进位
       MOV    31H,   A         ; 回存
       CLR    A
       ADDC   A,     32H       ; 高8位计数器加进位
       MOV    32H,   A         ; 回存
       PUSH   PSW              ; 恢复现场
       PUSH   ACC
       RETI                    ; 中断返回
```

二、多个中断源设计示例

例5-4：如图5-13所示，现有5个外部中断源EX1、EX20、EX21、EX22和EX23，高电平时表示请求中断，要求执行相应中断服务程序，试编制程序。

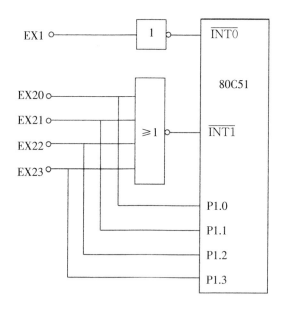

图5-13　多外部中断扩展电路

分析：程序如下。

	ORG	0000H	; 复位地址
	LJMP	MAIN	; 转主程序
	ORG	0003H	; 中断入口地址
	LJMP	PINT0	; 转中断服务程序
	ORG	0013H	; 中断入口地址
	LJMP	PINT1	; 转中断服务程序
	ORG	0100H	; 主程序首地址
MAIN:	MOV	SP, #60H	; 置堆栈指针
	ORL	TCON, #05H	; 置$\overline{INT0}$、$\overline{INT1}$ 为边沿触发方式
	SETB	PX0	; $\overline{INT0}$ 置为高优先级
	MOV	IE, #0FFH	; 全部开中断
	…		; 主程序内容
	ORG	1000H	; 中断服务程序首地址
PINT0:	PUSH	ACC	; 保护现场
	LCALL	WORK1	; 调用EX1服务子程序
	POP	ACC	; 恢复现场
	RETI		; 中断返回
	ORG	2000H	; 中断服务程序首地址
	PINT1:	CLR EA	; CPU禁止中断
	PUSH	ACC	; 保护现场

```
          PUSH   DPH
          PUSH   DPL
          SETB   EA                    ; CPU开中断
          JB     P1.0, LWK20           ; P1.0=1，EX20请求中断
          JB     P1.1, LWK21           ; P1.1=1，EX21请求中断
          JB     P1.2, LWK22           ; P1.2=1，EX22请求中断
          LCALL  WORK23                ; P1.3=1，调用EX23服务子程序
LRET: CLR     EA                       ; CPU禁中
          POP    DPL                   ; 恢复现场
          POP    DPH
          POP    ACC
          SETB   EA                    ; CPU开中断
          RETI                         ; 中断返回
          LWK20: LCALL WORK20          ; P1.0=1，调用EX20服务子程序
          SJMP   LRET                  ; 转中断返回
          LWK21: LCALL WORK21          ; P1.1=1，调用EX21服务子程序
          SJMP   LRET                  ; 转中断返回
          LWK22: LCALL WORK22          ; P1.2=1，调用EX22服务子程序
          SJMP   LRET                  ; 转中断返回
```

在该程序中，WORK1是外部中断源EX1的中断服务子程序。WORK20、WORK21、WORK22是外部中断源EX20、EX21、EX22的中断服务子程序，WORK23是外部中断源EX23的中断服务子程序。

第六章　单片机的定时／计数器技术

单片机在实现各种控制功能时，不可避免地涉及定时或者计数操作，如用单片机设计电子时钟、计数器，或根据每秒接收脉冲的个数计算信号的频率计数器等，因此定时／计数功能是单片机技术中必不可少的部分，可以实现内部定时和外部事件计数功能。

第一节　定时／计数器技术原理与控制

一、定时原理

当定时／计数器设置在定时方式时，实际上是对内部标准脉冲（由晶体振荡器产生的振荡信号经12分频得到的脉冲信号）进行计数，由于此时的计数脉冲的频率与机器周期频率相等，所以可以看成对机器周期信号进行计数，即1个机器周期输入1个计数脉冲，定时器加1。由于机器周期的时间是固定的，所以定时时间就等于计数值乘以机器周期时间。定时／计数器原理如图6-1所示。

当启动了定时／计数器后，定时／计数器就从初始值开始计数，每个脉冲加1，当计数器全为1时，再输入一个脉冲就使计数值回零，这称为溢出，此时从计数器的最高位溢出一个脉冲使TCON中的溢出标志位TF0或TF1置1，向CPU发中断请求。

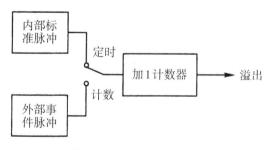

图6-1　定时／计数器原理

二、计数原理

定时／计数器的核心是一个加1计数器，当定时／计数器设置在计数方式时，可对外部输入脉冲进行计数，每来一个外部输入脉冲信号，计数器就加1。在计数工作方式时，单片机在每个机器周期对外部引脚T0（P3.4）或T1（P3.5）的电平进行一次采样，如果在某一机器周期采样到高电平，在下一机器周期采样到低电平时，则在第三个机器周期计数器加1。所以在计数工作方式时，是对外部输入的负脉冲进行计数（每个下降沿计数一次），计数器每次加1需用2个机器周期，因此计数脉冲信号的最高工作频率为机器周期脉冲频率的1／2，即系统晶振频率的1／24。

三、定时／计数器工作方式寄存器（TMOD）

定时／计数器工作方式寄存器（TMOD）是特殊功能寄存器区中的一个寄存器，单元地址为89H，不可按位寻址，只能用字节指令设置定时器的工作方式。TMOD的功能是对T0和T1的功能、工作方式以及启动方式进行控制，其各位的定义见表6-1所列，高4位对T1进行控制，低4位对T0进行控制，高4位与低4位的作用相同。

表6-1　TMOD各位的定义

TMOD位	D_7	D_6	D_5	D_4	D_3	D_2	D_1	D_0
位符号	GATE	C/T	M1	M0	GATE	C/$\overline{T}$	M1	M0

TMOD各位的含义如下。

（1）GATE——门控位。当GATE=0时，定时／计数器的启动仅受TR（TCON中的TR0或TR1）控制，当TR为1时，定时器开始工作，此时称为软启动方式。当GATE=1时，不但需要TR为1，而且需要外部引脚$\overline{INT0}$（P3.2）和$\overline{INT1}$（P3.3）均为高电平，定时／计数器才工作，若两个信号中任意有一个不符合，则定时器不工作，此时称为硬启动方式。

（2）C/$\overline{T}$——功能选择位。当C/$\overline{T}$=0时，设置为定时器用；当C/$\overline{T}$=1时，设置为计数器用。

（3）M1M0——工作方式选择位。M1M0组合可以定义4种工作方式，见表6-2所列。

表6-2　M1M0组合定义的工作方式

M1M0	工作方式	功能描述
00	方式0	13位计数器
01	方式1	16位计数器
10	方式2	自动重装初值8位计数器
11	方式3	T0：分成两个独立的8位计数器， T1：停止计数

四、定时／计数器控制寄存器（TCON）

定时／计数器控制寄存器（TCON）在特殊功能寄存器区中，其地址为88H，可位寻址，其功能是对定时／计数器的启动、停止、计数溢出中断请求以及外部中断请求和外部中断触发方式进行控制。TCON 高4位中各位的定义如下。

（1）TR0、TR1——T0、T1 的运行控制位。能否启动定时／计数器工作与 TMOD 中的 GATE 位有关，分两种情况：①当 GATE＝0 时，若 TR0＝1 或 TR1＝1，开启 T0 或 T1 计数工作；若 TR0=0 或 TR1=0，停止 T0 或 T1 计数。②当 GAE＝1 时，若 TR0=1 或 TR1＝1 且 $\overline{INT0}$ =1 或 $\overline{INT1}$ =1 时，开启 T0 或 T1 计数；若 TR0=1 或 TR1=1 但 $\overline{INT0}$ =1 或 $\overline{INT1}$ =0 时，不能开启 T0 或 T1 计数；若 TR0=0 或 TR1=0，则停止 T0 或 T1 计数。

（2）TF0、TF1——T0、T1 的溢出标志位。以 T1 为例，当 T1 计数满溢出时，由硬件自动将 TF1 置1。当采用中断方式进行计数溢出处理时（T1 中断已开放），由 CPU 硬件查询到 TF 为1时，产生定时器1中断，进行定时器1的中断服务处理，在中断响应后由 CPU 硬件自动将 TF1 清零。当采用查询方式进行计数溢出处理时（T1 的中断是关闭的），用户可在程序中查询 T1 的溢出标志位。当查询到 TF1 为1时，跳转去定时器1的溢出处理，此时在程序中需要用指令将溢出标志 TF1 清零。定时器的溢出标志位 TF0 的功能及操作与 TF1 相同。

单片机复位时，TMOD 和 TCON 的所有位都被清零。

综上所述，51系列单片机定时／计数器的基本结构框图如图6-2所示，其由 T0 和 T1，以及 TCON 和 TMOD 组成。其中 T0 由8位寄存器 TH0 和 TL0 组成，T1 由8位寄存器 TH1 和 TL1 组成。T0 和 T1 用于存放定时或计数的初值，并对定时工作时的内部标准脉冲或计数工作时的外部输入脉冲进行加1计数。

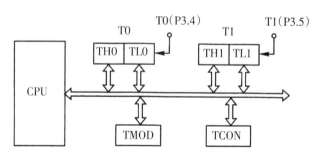

图6-2　51系列单片机定时／计数器基本结构框图

TCON 主要用于定时／计数器的启动、停止及计数溢出控制，TMOD 主要用于定时／计数的功能选择、工作方式选择及启动方式选择控制。

第二节　定时／计数器的工作方式

51系列单片机定时／计数器共有4种工作方式。当工作在方式0、方式1和方式2时，定时器0和定时器1的工作原理完全一样，工作在方式3时有所不同。下面以 T0 为例加以说明。

一、定时器工作方式0——13位定时／计数器

在不同工作方式下，定时／计数器的逻辑结构不同。工作方式0是指13位计数结构的工作方式，计数器由TH0的全部8位和TL0的低5位构成，T0的高3位不同。图6-3是定时／计数器0在工作方式0下的逻辑电路结构。

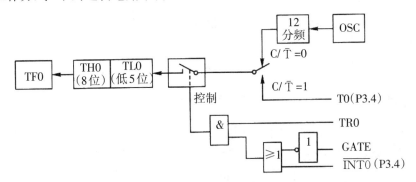

图6-3　定时／计数器0在工作方式0下的逻辑电路结构

分析图6-3，当GATE=0，TR0=1时，TL0便在机器周期的作用下开始加1计数，当TL0计满后向TH0进一位，直到把TH0也计满，此时计数器溢出，置TF0为1，向CPU申请中断，接下来CPU进行中断处理。在这种情况下，只要TR0为1，计数就不会停止。定时器在各种工作方式下，工作过程都大同小异，下面就逐一讲解定时／计数器的4种工作方式。

在工作方式0下，计数脉冲既可以来自芯片内部，也可以来自外部。来自内部的计数脉冲是机器周期脉冲，图6-3中OSC是英文oscillator（振荡器）的缩写，表示芯片的晶振脉冲，经12分频后，即为单片机的机器周期脉冲。来自外部的计数脉冲由T0（P3.4）引脚输入，计数脉冲由TMOD的C/$\overline{T}$位进行控制。当C/$\overline{T}$=0时，接通机器周期脉冲，计数器每个机器周期进行一次加1，这就是定时器工作方式；当C/$\overline{T}$=1时，接通外部计数引脚T0（P3.4），从T0引入计数脉冲输入，这就是计数工作方式。

不管是哪种工作方式，当TL0的低5位计数溢出时，向TH0进位；而全部13位计数溢出时，向计数溢出标志位TF0进位，将其置1。定时／计数器的启停控制有两种方法，一种是纯软件方法，另一种是软件和硬件相结合的方法。两种方法由门控位（GATE）的状态进行选择。

当GATE=0时，为纯软件启停控制。GATE信号反相为高电平，经或门后，打开了与门，这样TR0的状态就可以控制计数脉冲的通断，而TR0位的状态又是通过指令设置的，所以称为软件方式。当把TR0设置为1，控制开关接通，计数器开始计数，即定时／计数器工作；当把TR0清0时，开关断开，计数器停止计数。

当GATE=1时，为软件和硬件相结合的启停控制方式。这时计数脉冲的接通与断开决定于TR0和T0的与关系，而IT0P（3.2）是引脚P3.2引入的控制信号。由于P3.2引脚信号可控制计数器的启停，因此可利用80C51的定时／计数器进行外部脉冲信号宽度的测量。

使用工作方式0的计数功能时，计数值的范围是1～8192（2^{13}）。使用工作方式0的定时

功能时，定时时间的计算公式如下：

$$(2^{13}-计数初值)\times 晶振周期\times 12$$
$$或（2^{13}-计数初值）\times 机器周期$$

其时间单位与晶振周期或机器周期的时间单位相同，为μs。若晶振频率为6 MHz，则最小定时时间为

$$[2^{13}-(2^{13}-1)]\times 1／6\times 10^{-6}\times 12=2\times 10^{-6}=2（μs）$$

最大定时时间为

$$(2^{13}-0)\times 1／6\times 10^{-6}\times 12=16\ 384\times 10^{-6}\approx 16\ 384（μs）$$

二、定时器工作方式1——16位定时／计数器

工作方式1是指16位计数结构的工作方式，计数器由TH0的全部8位和TL0的全部8位构成。它的逻辑电路和工作情况与方式0大致相同，不同的是计数器的位数。

使用工作方式1的计数功能时，计数值的范围是1～65 536（2^{16}）。使用工作方式1的定时功能时，定时时间计算公式如下：

$$(2^{16}-计数初值)\times 晶振周期\times 12$$
$$或（2^{16}-计数初值）\times 机器周期$$

其时间单位与晶振周期或机器周期的时间单位相同，为μs。若晶振频率为6 MHz，则最小定时时间为

$$[2^{16}-（2^{16}-1）]\times 1／6\times 10^{-6}\times 12=2\times 10^{-6}=2（μs）$$

最大定时时间为

$$（2^{16}-0）\times 1／6\times 10^{-6}\times 12=131\ 072（μs）\approx 131（ms）$$

三、定时器工作方式2——8位可自动重装初值定时／计数器

工作方式0和工作方式1有一个共同特点，就是计数溢出后计数器为全0，因此，循环定时应用时就需要反复设置计数初值。这不但影响定时精度，而且也给程序设计带来麻烦。工作方式2就是针对此问题而设置的，它具有自动重新加载计数初值的功能，免去了反复设置计数初值的麻烦。所以工作方式2也称为"自动重新加载工作方式"。

在工作方式2下，16位计数器被分为两部分，TL作为计数器使用，TH作为预置寄存器使用，初始化时把计数初值分别装入TL和TH中。当计数溢出后，由预置寄存器TH以硬件方法自动给计数器TL重新加载，变软件加载为硬件加载。图6-4是定时／计数器0在工作方式2下的逻辑电路结构。

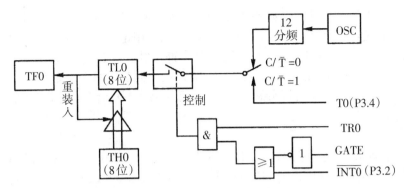

图6-4　定时／计数器0在工作方式2下的逻辑电路结构

初始化时，8位计数初值同时装入TL0和TH0。当TL0计数溢出时，置位TF0，并用保存在预置寄存器TH0中的计数初值自动加载TL0，然后开始重新计数，如此重复。这样不仅省去了用户程序中的重装指令，而且也有利于提高定时精度。但这种工作方式是8位计数结构，其计数值有限，最大只能到255。

这种自动重新加载的工作方式适用于循环定时或循环计数。如用于产生固定脉宽的脉冲，此外还可以作为串行数据通信的波特率发送器使用。

四、定时器工作方式3

在前面3种工作方式下，对两个定时／计数器的设置和使用是完全相同的。但在工作方式3下，两个定时／计数器的设置和使用是不同的，因此，需要分开介绍。

（一）工作方式3下的定时／计数器0

在工作方式3下，定时／计数器0被拆成两个独立的8位计数器TL0和TH0，这两个计数器的使用完全不同。TL0既可用于计数，又可用于定时，与定时／计数器0相关的各个控制位和引脚信号均由它使用。其功能和操作与工作方式0或工作方式1完全相同，而且逻辑电路结构也类似，如图6-5所示。

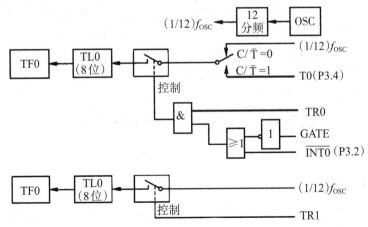

图6-5　定时／计数器0在工作方式3下的逻辑电路结构

在工作方式3下，定时/计数器0的另一半是TH0，只能做简单的定时器使用。由于TCON的定时器0的控制位已被TL0独占，因此只能借用定时器1的控制位TR1和TF1为其服务。即用计数溢出置位TF1，而定时的启停则受TR1的状态控制。

由于TL0既能做定时器使用，又能做计数器使用，而TH0只能做定时器使用，所以在工作方式3下，定时/计数器0可以分解为2个8位定时器或1个8位定时器和1个8位计数器。

（二）工作方式3下的定时/计数器1

如果定时/计数器0已经工作在工作方式3下，则定时/计数器1只能工作在方式0、方式1或方式2下，因为它的运行控制位TR1及计数溢出标志位TF1已被定时/计数器0借用。其使用方法如图6-6所示。

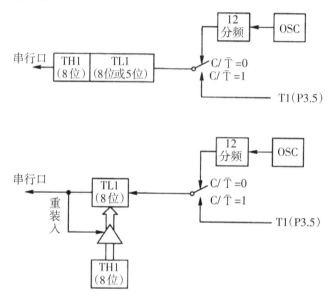

图6-6 工作方式3下的定时/计数器1使用方法

这时，定时/计数器1通常是作为串行口的波特率发生器使用。由于已没有计数溢出标志位TF1可供使用，因此只能把计数溢出直接送到串行口。作为波特率发生器使用时，只需设置好工作方式，便可自动运行。若要停止工作，则只需向工作方式选择寄存器送入一个能把它设置为工作方式3的控制值就可以了。因为定时/计数器1不能在工作方式3下使用，如果坚持把它设置为工作方式3，就会停止工作。

第三节 定时/计数器的应用

一、任务要求

使用定时/计数器0工作方式1作为延时，要求在P1.0和P1.1间两灯按1 s间隔的方式，互相闪烁。

二、系统设计

根据系统要求画出基于STC89C52单片机控制的LED控制框图，如图6-7所示。整个系统包括STC89C52单片机、晶振电路、电源电路、复位电路和8个LED流水灯电路。

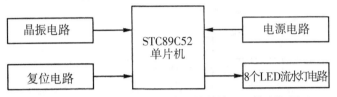

图6-7 基于STC89C52单片机控制的LED控制框图

三、硬件设计

本设计以STC89C52单片机为主控单元。如图6-8所示，其中STC89C52单片机及晶振原理图如图6-8（a）所示，LED流水灯原理图如图6-8（b）所示，STC89C52复位电路原理图如图6-8（c）所示。

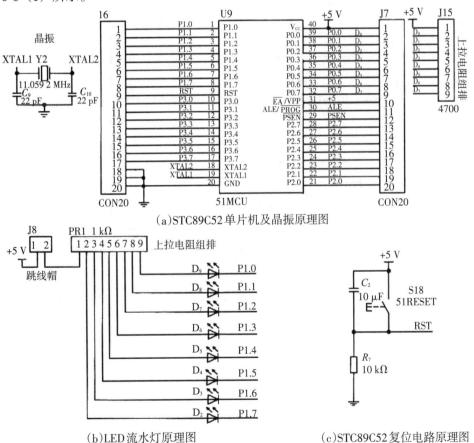

图6-8 STC89C52单片机控制LED灯的硬件电路图

由于定时器直接延时的最大时间 t_{max}=65 536 μs，为延时 1 s，必须采用循环计数方式实现。其方法是：定时器每延时 50 ms，单片机内部寄存器加 1，然后定时器重新延时，当内部寄存器计数达 20 次时，表示已延时 1 s。使用定时器 T0 工作于方式 1，延时 50 ms，其应用程序流程图如图 6-9 所示。

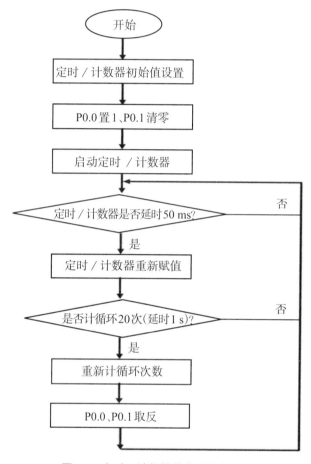

图 6-9　定时／计数器的应用程序流程图

第七章　单片机串行接口

可编程全双工串行通信控制器是51系列单片机的重要系统组成，可以作为通用异步接收发送设备（universal asynchronous receiver / transmitter，UART）使用，也可作为同步移位寄存器使用，是单片机除I／O外的又一种信息交换途径，对实现单片机串并转换、点对点和主从式通信具有重要应用价值。本章从单片机串行通信的基本原理入手，讲述串行接口控制器的结构组成和工作方式设置。在此基础上，通过4个典型应用例子，介绍4种串行接口工作方式的C51编程方法，使读者系统地掌握单片机串行接口通信的应用知识。

第一节　串行通信概述

计算机与外部设备的基本通信方式有两种（如图7-1所示）：①并行通信，数据的各位同时进行传送，如图7-1（a）所示，其特点是传送速度快、效率高。但因数据有多少位就需要有多少根传输线，当数据位数较多和传送距离较远时，就会导致通信线路成本提高，因此它适合于短距离传输。②串行通信，数据一位一位地按顺序进行传送，如图7-1（b）所示。其特点是只需要一对传输线就可以实现通信。当传输距离较远时，它可以显著减少传输线，降低通信成本，但是串行传送的速度较慢，不适合高速通信。尽管如此，串行通信因经济实用，在计算机通信中获得了广泛应用。

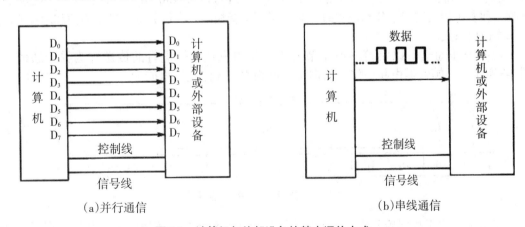

图7-1　计算机与外部设备的基本通信方式

在串行通信中，数据是在两个站之间进行传送的。按照数据传送方向，串行通信可分为单工、半双工和全双工3种制式，如图7-2所示。在单工制式下，通信线的一端为发送器，一端为接收器，数据只能按照一个固定的方向传送，如图7-2（a）所示。在半双工制式下，系统的每个通信设备都由一个发送器和一个接收器组成，如图7-2（b）所示。因而数据能从A站传送到B站，也可以从B站传送到A站，但是不能同时在两个方向上传送，即只能一端发送、一端接收。收发开关一般用软件方式切换。在全双工制式下，系统的每端都有发送器和接收器，可以同时发送和接收，即数据可以在两个方向上同时传送，如图7-2（c）所示。

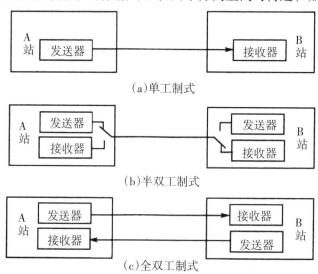

图7-2　串行通信的3种制式

在实际应用中，尽管多数串行通信接口电路具有全双工功能，但在一般情况下，还是工作在半双工制式下，这是因其用法简单、实用性强。串行通信的数据是按位进行传送的，每秒传送的二进制数码的位数称为波特率，单位是bps（bit per second）。波特率指标用于衡量数据传送的速率，国际上规定了标准波特率系列，作为推荐使用的波特率。标准波特率的系列为110 bps、300 bps、600 bps、1200 bps、1800 bps、2400 bps、4800 bps、9600 bps、19 200 bps。接收端和发送端的波特率分别设置时，必须保证两者相同。串行通信有异步通信和同步通信两种基本通信方式。

（1）异步通信。以字符（或字节）为单位组成数据帧进行的传送称为异步通信。如图7-3所示，一帧数据由起始位、数据位、可编程位和停止位组成。

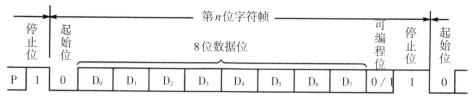

图7-3　异步通信的字符帧格式

起始位：位于数据帧开头，占1位，始终为低电平，标志传送数据的开始，用于向接收设备表示发送端开始发送一帧数据。

数据位：要传输的数据信息，可以是字符或数据，一般为5～8位，由低位到高位依次传送。

可编程位：位于数据位之后，占1位，用于校验串行发送数据的正确性，可根据需要采用奇校验、偶校验或无校验。在多机串行通信时，还用此位传送联络信息。

停止位：位于数据位末尾，占1位，始终为高电平，用于向接收端表示一帧数据已发送完毕。由此可见，传输线未开始通信时为高电平状态，当接收端检测到传输线上为低电平时就可知发送端已开始发送，而当接收端接收到数据帧中的停止位就可知一帧数据已发送完成。

（2）同步通信。数据以块为单位连续进行的传送称为同步通信。在发送一块数据时，首先通过同步信号保证发送和接收端设备的同步（该同步信号一般由硬件实现），然后连续发送整块数据。在发送过程中，不再需要发送端和接收端的同步信号。同步通信的数据格式如图7-4所示。为保证传输数据的正确性，发送和接收双方要求用准确的时钟实现两端的严格同步。同步通信常用于传送数据量大、传送速率要求较高的场合。

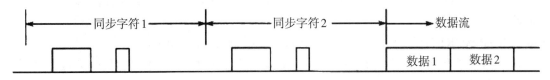

图7-4　同步通信的数据格式

第二节　MCS-51系列单片机的串行口控制器

一、串行口内部结构

MCS-51系列单片机内部有一个可编程的全双工串行通信接口，可作为UART，也可作为同步移位寄存器。它的数据帧格式可为8位、10位和11位3种，可设置多种不同的波特率，通过引脚RXD（P3.0）和TXD（P3.1）与外界进行通信。单片机中与串行通信相关的结构组成如图7-5所示。

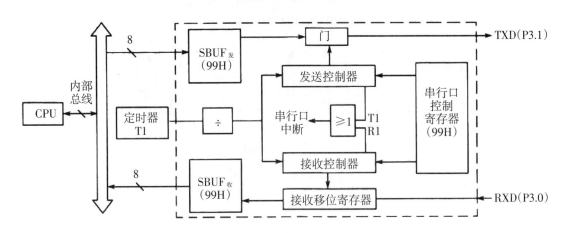

图7-5　单片机中与串行通信相关的结构组成

在图7-5中，虚线框部分为串行口结构，其内包括SBUF、串行口控制寄存器、接收移位寄存器、发送控制器和接收控制器。除此之外，该模块还与定时器T1和单片机内部总线相关。两个SBUF在物理上是相互独立的，一个用于发送数据（SBUF发）、一个用于接收数据（SBUF收）。但SBUF发只能写入数据，不能读出数据；SBUF收只能读出数据，不能写入数据。所以两个SBUF可共用一个地址（99H），通过读／写指令区别是对哪个SBUF的操作。

发送控制器的作用是在门电路和定时器T1的配合下，将SBUF发中的并行数据转为串行数据，并自动添加起始位、可编程位、停止位。这一过程结束后可使发送中断请求标志位T1自动置1，用以通知CPU已将SBUF发送的数据输出到了TXD引入口。

接收控制器的作用是在接收移位寄存器和定时器T1的配合下，使来自RXD引脚的串行数据转为并行数据，并自动过滤掉起始位、可编程位、停止位。这一过程结束后，可使接收中断请求标志位R1自动置1，用以通知CPU接收的数据已存入SBUF收。

从数据发送和接收过程可以看出，发送的数据从SBUF发直接送出，接收的数据则经过接收移位寄存器才到达SBUF收。当接收数据进入SBUF收，接收端还可以通过接收移位寄存器接收下一帧数据。由此可见，发送端为单缓冲结构，接收端为双缓冲结构，这样可以避免在第2帧接收数据到来时，CPU因未及时将第1帧数据读走而引起两帧数据重叠的错误。

定时器T1的作用是产生用以收发过程中节拍控制的通信时钟脉冲（方波脉冲），如图7-6所示。其中，发送数据时，通信时钟的下降沿对应数据移位输出，如图7-6（a）所示；接收数据时，通信时钟的上升沿对应数据位采样，如图7-6（b）所示。通信时钟频率（波特率）由定时器的控制寄存器管理。

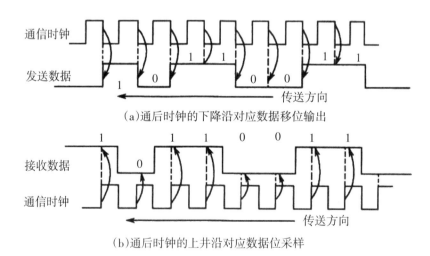

图7-6　通信时钟脉冲

二、串行通信控制的特殊功能寄存器

MCS-51 系列单片机用于串行通信控制的特殊功能寄存器有串行口控制寄存器（SCON）和电源控制寄存器（PCON）两个。

（一）SCON

SCON 为串行口控制寄存器，其相关内容已在前文介绍，此处不再赘述。

（二）PCON

PCON 为电源控制寄存器，字节地址为 87H，不可位寻址，其位控制功能前文已介绍，此处不再赘述。

SMOD：波特率选择位，用于决定串行通信时钟的波特率是否加倍。

51 系列单片机串行通信以定时器 T1 为波特率信号发生器，其溢出脉冲经过分频单元送到收、发控制器中。分频单元的内部结构如图 7-7 所示。

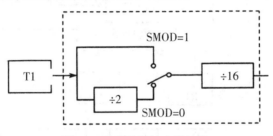

图 7-7　分频单元的内部结构

在图 7-7 中，T1 溢出脉冲可以有两种分频路径，即 16 分频或 32 分频，SMOD 就是决定分频路径的逻辑开关。分频后的通信时钟波特率为

$$通信时钟波特率 = \frac{1}{t} \times \frac{2^{SMOD}}{32}$$

式中，t 为 T1 的定时时间，有

$$t = (2^n - a) \times \frac{12}{f_{osc}}$$

合并上面两式可得

$$通信时钟波特率 = \frac{f_{osc}}{12 \times (2^n - a)} \times \frac{2^{SMOD}}{32}$$

这说明，晶振频率 f_{osc} 确定后，波特率的大小取决于 T1 的波特率选择位 SMOD。

还需要说明一点：串口通信在不同工作方式下的波特率是不同的，上述波特率只适用于工作方式 1 和工作方式 3。

第三节　串行工作方式及其应用

一、串行工作方式0及其应用

当SM0 SM1=00时为串行工作方式0状态，如图7-8所示为串行工作方式0的逻辑结构示意图。

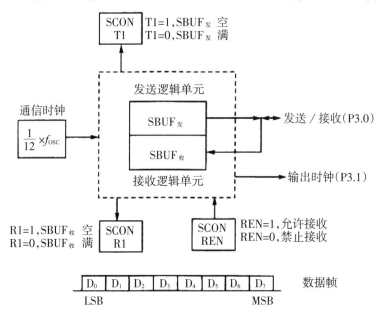

图7-8　串行工作方式0的逻辑结构示意图

图7-8中，虚线框表示51系列单片机串口的主要硬件资源（为直观起见，SCON被放在虚线框外）。发送和接收的数据帧都是8位为1帧，低位先传输，不设起始位和停止位，且都经由P3.0引脚出入。通信时钟波特率固定为十二分频晶振，除供给内部收、发逻辑单元使用外，还通过引脚P3.1输出，作为接口芯片的移位时钟信号。

图7-8中标出了SCON中T1、R1、REN 3个标志位的相关信息，编程时可以参考。如前所述，工作方式0不是用于异步串行通信，而是用于串并转换，达到扩展单片机I／O口数量的目的。工作方式0通常需要与移位寄存器芯片配合使用。以下举例说明方式0与部分移位寄存器的使用方法。

例7-1： 工作方式0的应用。

采用图7-9所示电路原理，在电路分析和程序分析的基础上，编程实现发光二极管的自上而下循环显示功能。

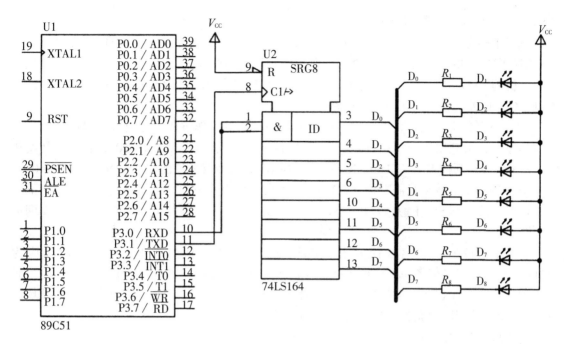

图 7-9　例 7-1 电路原理图

分析：（1）电路分析：74LS164 是一种 8 位串入并出移位寄存器，其引脚与内部结构如图 7-10 所示。

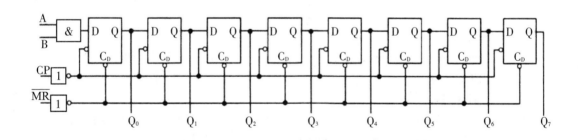

图 7-10　74LS164 的引脚与内部结构

图 7-10 中，A、B 为两路数据输入端，经与门后接 D 触发器输入端 D；CP 为移位时钟输出端；$\overline{MR}$ 为清零端，在低电平时可使 D 触发器输出端清 0；$Q_0 \sim Q_7$ 为数据输出端（也是各级 D 触发器的 Q 输出端）；带圈数字表示芯片引脚编号。

74LS164 的移位过程是借助 D 触发器的工作原理实现的。74LS164 的工作原理是：每出现一次时钟脉冲信号，前级 D 触发器锁存的电平便会被后级 D 触发器锁存起来。如此经过 8 个时钟脉冲，最先接收到的数据位将被最高位 D 触发器锁存，并到达 Q_7 端。其次接收到的数据位将被次高位 D 触发器锁存，并到达 Q_6 端，以此类推。换言之，逐位输入的串行数据将同时出现在$Q_0 \sim Q_7$端，从而实现串行数据转为并行数据的功能。

基于上述分析，可以很容易地理解图7-10中74LS164与51系列单片机的接线原理：A端与B端并联接在单片机的RXD（P3.0）端——串行工作方式0的数据发送／接收端；CP端接在单片机的TXD（P3.1）端——串行工作方式0的时钟输出端；$\overline{\text{MR}}$ 接 V_{cc}——本例无须清0控制；$Q_0 \sim Q_7$端接发光二极管并行电路。

（2）编程分析：在编程设计中，首先要对串行口的工作方式进行设置（串口初始化）。本例程序中，可利用语句"SCON=0"设置串行工作方式0（SM0 SM1=00），在串口初始化时，需要清除中断标志位（T1=0，R1=0），并根据需求设置接收使能位（REN=1或REN=0）。

被发送的字节数据只需赋值给$\text{SBUF}_发$，其余工作都将由硬件自动完成。但在发送下一节数据前需要了解$\text{SBUF}_发$是否已为空，以免造成数据重叠。因此可采用中断或软件查询进行判断。

根据图7-9所示电路，使发光二极管 D_1 点亮，$D_2 \sim D_8$ 灯灭的$Q_0 \sim Q_7$ 输出码应为11111110B（0xfe），但考虑到串行数据发送时低位数据在先的原则，故交$\text{SBUF}_发$的输出码应为01111111B（0x7f）。为实现发光二极管由Q_0向Q_7方向点亮，$\text{SBUF}_发$的输出码应循环右移，同时最高位用1填充，这些功能可通过C51语句实现。

例7-1的参考程序如下：

```c
#include<reg51.h>
void delay() {                              //延时
    unsigned int i;
    for(i=0; i<20000;i++)    {}
}
void main (){
    unsigned char index,LED;                //定义循环指针和输出码变量
    SCON=0;                                 //串口初始化
    while(1){
        LED=0x7f;                           //输出码初值(D₁亮,其余灭)
        for(index=0; index<8; index++){     //控制循环范围
            SBUF=LED;                       //发送输出码
            T1=0; do{}while(!T1);           //判断发送是否结束
            LED=((LED>>1)|0x80);            //右移1位且高位填充1
            delay();
}}}}
```

仿真结果表明，流水灯的运行效果满足题意要求，程序设计到此结束。

二、串行工作方式1及其应用

当SM0 SM1=01时为串行工作方式1状态，如图7-11所示为串行工作方式1的逻辑结构示意图。

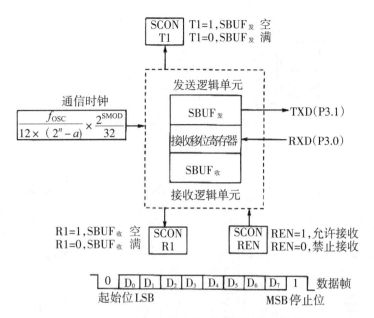

图7-11 串行工作方式1的逻辑结构示意图

由图7-11可知，与工作方式0相比，工作方式1发生了下变化。

（1）通信时钟波特率是可变的，可由软件设定为不同速率，其值为

$$\frac{f_{\mathrm{OSC}}}{12 \times (2^n - a)} \times \frac{2^{\mathrm{SMOD}}}{32}$$

这表明，T1初始化时需要设置 TMOD（GATE、C/$\overline{\mathrm{T}}$、M1、M0），PCON（SMOD），并确定计数初值a。

（2）发送数据由TXD（P3.1）输出，接收数据由RXD（P3.0）输入，且需经接收移位寄存器缓冲输入。初始化时，需要设SCON（R1、T1、REN、SM0、SM1）。

（3）数据帧由10位组成，包括1位起始位+8位数据位+1位停止位。

（4）工作方式1是10位异步通信方式（由于是点对点串行通信，通常采用3线式接线，如图7-12所示），即主机TXD、RXD分别与外设RXD、TXD相接，两机共地。

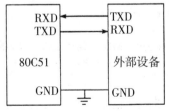

图7-12 点对点串行通信连接关系

例7-2：工作方式1的应用。

两台51系列单片机进行串行工作方式1通信，其中两机f_{osc}约为12 MHz，波特率为2.4 kbps。甲机循环发送数字0～F，并根据乙机的返回值决定发送新数（返回值与发送值相同时）或重复当前数（返回值与发送值不同时）；乙机接收数据后直接返回接收值；双机都将当前值以十进制数形式显示在各机的共阴极数码管上。例7-2的电路原理图如图7-13所示。

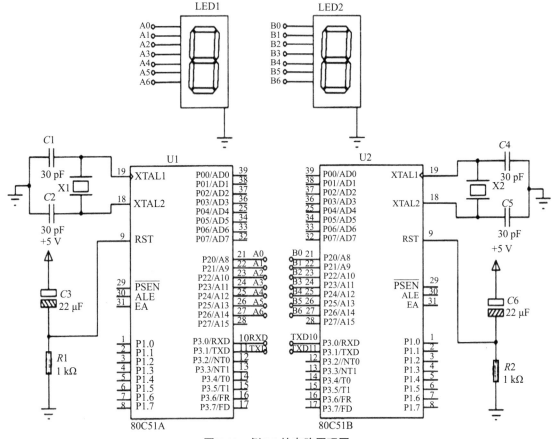

图 7-13 例 7-2 的电路原理图

分析：（1）初始化工作包括设置串行工作方式、定时器工作方式、定时计数初值等。如前所述，51 系列单片机串口波特率已限定由 T1 提供，但定时工作方式并未限定。由于定时工作方式 1 具有自动重载计数初值的优点，定时精度较高，故多以工作方式 1 为准。表 7-1 给出了晶振频率为 11.059 2 MHz、定时工作方式 1 的波特率参数设置表，按例题要求，2400 bps 波特率的对应参数可取为 SMOD=0，a=0xf4。

表 7-1　晶振频率为 11.059 2 MHz，定时工作方式 2 的波特率参数设置表

序号	波特率/bps	SMOD	a
1	62 500	1	0xff
2	19 200	1	0xfd
3	9600	0	0xfd
4	4800	0	0xfa
5	2400	0	0xf4
6	1200	0	0xe8

（2）例7-2对通信的实时性要求不高，故双机都可采用软件查询T1和R1的做法。程序流程图如图7-14所示。

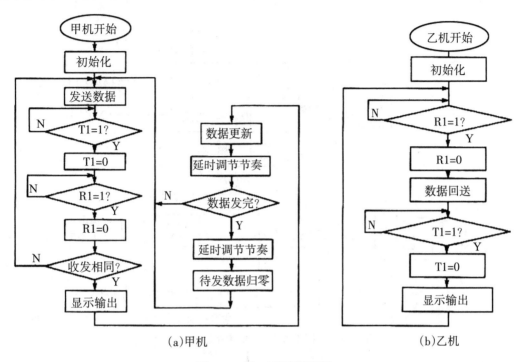

（a）甲机　　　　　　　（b）乙机

图7-14　例7-2程序流程图

由于甲机和乙机的程序是独立的，需要建立各自工程文件，并在其中完成相应程序的编辑和编译。

仿真结果表明，双机运行效果满足例题要求，程序设计到此结束。

三、串行工作方式2及其应用

当SM0 SM1=10时为串行工作方式2状态，其逻辑结构示意图如图7-15所示。由图7-15可知，与工作方式1相比，工作方式2发生了如下变化。

（1）工作方式2为11位异步通信方式，数据帧由11位组成，包括1位起始位+8位数据位+1位可编程位+1位停止位。在发送时，TB8的值可被自动添加到数据帧的第9位，并随数据帧一起发送；在接收时，数据帧的第9位可被自动送入RB8中。第9数据位可由用户安排，可以是奇偶校验位，也可以是其他控制位。

如发送数据0x45（01000101B），因0x45中二进制数1的个数为奇数，因此奇偶校验值为1。将该校验值送入TB8，发送时可连同数据0x45一起发出。接收端接收数据时会将该数据取出放入RB8中。只要设法求出接收数据的实际奇偶校验值，再与RB8进行比较，即可判断收发过程是否有误。

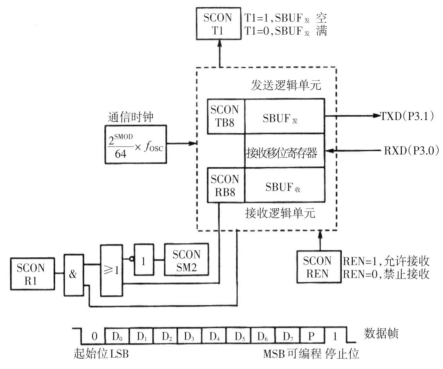

图7-15 串行工作方式2的逻辑结构示意图

（2）通信时钟频率是固定的，可由SMOD设置为1/32或1/64晶振频率，即

$$\frac{2^{SMOD}}{64} \times f_{OSC}$$

这表明，T1初始化时仅需要设置PCON（SMOD）。

（3）发送完成后（SBUF发为空），T1自动置1；接收完成后（SBUF收为空），R1的状态要由SM2和RB8共同决定。若SM2=1，仅当RB8为1时，接收逻辑单元才能使R1置1。若此时RB8为0，则接收逻辑单元也无法使R1置1。反之，若SM2=0，则无论RB8为何值，接收逻辑单元都能使R1置1。可见，在工作方式2下，RB8和SM2将共同对接收过程施加影响。

例7-3：工作方式2的应用。

采用例7-2的双机通信电路，晶振频率为11.059 2 MHz，串行工作方式2，通信时钟波特率为0.345 6 Mbps。通信中增加奇偶校验功能，即甲机在循环发送数据（0～F）的同时发送相应奇偶校验码，乙机接收后先进行奇偶校验。若结果无误，在向甲机返回的接收值中使可编程位清零；若结果有误，则使可编程位置1。甲机根据返回值中的可编程位作出发送新数据或重发当前数据的抉择。甲、乙两机都在各自BCD数码管上显示当前数据。

分析：（1）对于晶振频率为11.059 2 MHz，0.345 6 Mbps的通信时钟波特率相当于1/32晶振频率，即应初始化PCON为0x80（波特率加倍）。由于不是多机通信，故SM2为0，据此可以初始化SCON为0x90。

（2）为获得发送或接收数据的奇偶校验位，每次发送或接收数据后，要将数据存入ACC，从而获得奇偶标志位值。发送数据的校验位通过写入TB8输出，接收数据的校验位从RB8读取。

仿真效果表明，含有奇偶校验的双机通信功能正常，例7-3程序设计到此结束。

四、串行工作方式3及其应用

当SM0 SM1=11时为串行工作方式3，其逻辑结构示意图如图7-16所示。

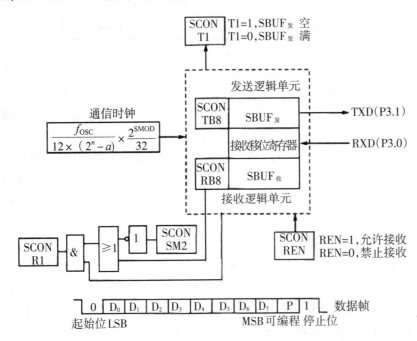

图7-16　串行工作方式3的逻辑结构示意图

由图7-16可知，工作方式3的波特率为可变的（与工作方式1相同），即

$$\frac{f_{OSC}}{12\times(2n-a)}\times\frac{2^{SMOD}}{32}$$

工作方式3也为11位异步通信方式（有9位数据位），主要用于要求进行错误校验或主从式系统通信的场合。

主从式系统通信的组成示意图如图7-17所示，该图为80C51多机系统，其中包含1个主机和3个从机。每个从机都有各自独立的地址，如00H、01H和02H。从机初始化时都设置为串行工作方式2或串行工作方式3，并使SM2=REN=1，开放串口中断。在主机向某个目标从机传送数据或命令前，要先将目标从机的地址信息发给所有从机，随后才是数据或命令信息。主机发出的地址信息的第9位为1，数据或命令信息的第9位为0。

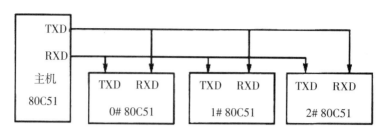

图7-17 主从式系统通信的组成示意图

当主机向所有从机发送地址信息时，从机收到的第9位信息都是1，所有从机都可激活中断请求标志。在各自的中断服务程序中，对比主机发来的地址与本机地址，若相符则使本机的SM2为0，若不相符则保持本机的SM2为1。接着主机发送数据或命令信息，各从机收到的RB8都为0，此时只有目标从机（SM2为0）可激活R1，转入中断服务程序，接收主机的数据或命令；其他从机（SM2为1）不能激活对，所接收的数据或命令信息被丢弃，从而实现主机和从机的一对一通信。在主从式通信系统中，从机与从机之间的通信只能经过主机才能实现。

例7-4：工作方式3的应用。

设有如图7-18所示的1+2主从式单片机串行通信系统。K1、K2为从机发送激发键，每按1次，主机向相应从机顺序发送1位0~F的字符，发送的字符可用虚拟终端TERMINAL观察。从机收到地址帧后使发光二极管状态反转1次，收到数据帧后在其共阳极型数码管上显示出来。系统晶振频率为11.059 2 MHz。要求通信采用串行工作方式3，波特率为9600 bps，发送编程采用查询法，接收编程采用中断法。

分析：图7-18中TERMINAL是Proteus提供的用于观察串行通信数据的虚拟仪器，使用时只需将其TXD和RXD端分别与单片机RXD和TXD相连即可（本例主机无须RXD，从机无须TXD）。

根据例题要求，在参数框内选择9600 bps、8位数据、无奇偶校验等参数。程序分析：根据表7-1，波特率初始化时选择T1定时器工作方式3，a=0xfd，SMOD=0，可满足9600 bps要求。

程序设计方法：主机在主函数中以查询法进行按键检测，并以键值作为发送函数的传递参数。在发送函数中查询T1标志位，分两步发送地址帧和数据帧；子机在初始化后进入等待状态。在中断接收函数时，先对地址帧进行判断，随后将接收的字符转化为数组顺序号，通过查表输出其显示字符。

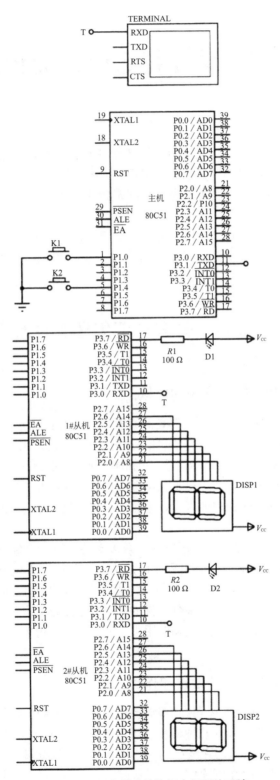

图7-18 1+2主从式单片机串行通信系统

第八章　单片机C语言编程语法

使用C语言进行单片机程序的设计与开发已成为单片机开发的主流。用C语言编写单片机应用程序，不必像汇编语言那样必须具体组织、分配存储器资源和处理端口数据，而重点在于如何实现功能。单片机C语言也不完全等同于标准C语言，需要根据单片机的存储结构和内部资源定义相应的数据类型和变量。

本章主要说明C51与标准C语言的差异，帮助读者在单片机中用好C语言。本章学习的前提是读者已充分了解了标准C语言的语法规则，标准C语言的相关内容在这里不再赘述，只作为与C51的比较。

第一节　C语言与汇编语言的比较

一、两种语言在单片机开发中的比较

过去，单片机应用程序设计采用的都是汇编语言。采用汇编语言编写应用程序，可直接操纵系统的硬件资源，有益于编写出高质量的程序代码。但是采用汇编语言编写比较复杂的数值计算程序就非常困难，而且汇编语言源程序的可读性远不如高级语言源程序，非编写者若要修改程序的功能，则需要花费心思重新阅读程序，甚至编写者本人要修改程序的功能都比较费劲。从系统开发的时间和周期来看，采用汇编语言进行单片机应用程序设计的效率并不是很高。

随着计算机应用技术的发展，逐渐出现了众多支持高级语言编程的单片机软件开发工具，其中利用C语言来设计单片机应用程序已成为单片机应用系统开发设计的一种主流趋势。相比其他高级语言，使用C语言编程与人的思维方式和思考习惯更为符合，可读性好、易于上手、维护方便，可直接实现对系统硬件的控制。采用C语言易于开发复杂的单片机应用程序，有利于单片机产品的重新选型和应用程序的移植，使得单片机应用程序的开发速度大大提高。

二、C51在单片机开发中的地位和作用

MCS-51系列单片机是英特尔公司在1980年推出的高性能8位单片机，它有51和52两个系列，每个系列中又有各自不同的几种机型。虽然英特尔公司后期把MCS-51系列单片机技术转让给了其他厂家，但是其核心在随后的一代代产品中始终被继承和保留下来。同时，鉴于汇编语言在单片机开发中存在可读性差等一些问题，人们开始尝试用C语言等高级语言来

开发单片机应用程序。经过Keil等诸多公司的开发人员的多年研究和不懈努力，终于解决了C语言移植到单片机的过程中面临的一系列问题，开发出了单片机的C语言C51，它在20世纪90年代逐渐成为专业化单片机开发的高级语言。

　　C51是针对51系列单片机的C语言，是根据单片机存储结构和内部资源定义的C语言数据和变量，它吸收了C语言的全部特点，其语法规定、程序结构及程序设计方法都与标准C语言相似。C51不用再像汇编语言那样具体地组织、分配存储器资源和处理端口数据，甚至可以在对单片机内部结构和存储器结构不太熟悉、对处理器的指令集没有深入了解的情况下编写应用程序。但要使编译器产生充分利用单片机资源、执行效率高、适合单片机目标硬件的程序代码，对数据类型和变量的定义就必须与单片机的存储结构相关联，否则就不能正确编译。因而在某种程度上来说，没有对单片机硬件资源、体系结构和指令系统的充分了解，就不能设计出非常实用、高质量的单片机应用程序。

第二节　C51与标准C语言的差异

　　虽然C51继承了标准C语言的绝大部分特征，其基本语法、程序结构、设计方法等与标准C语言一致，但是它毕竟是针对51系列单片机特定的硬件结构而开发的，所以在使用中还是与标准C语言有一些差异，主要体现在以下一些方面。

一、数据类型

　　C51中的数据类型与标准C语言的数据类型有一定的区别，除了常规的字符型（char）、整型（int）、浮点型（float）等，在C51中还专门增加了一种针对51系列单片机的特有的数据类型——位类型。

　　位类型是C51中扩充的数据类型，用于访问单片机中可寻址的位单元。C51支持bit类型和sbit类型两种位类型。它们在内存中都只占了一个二进制位（bit），其值为1或者0。

　　C51中扩充的位类型可以节省单片机宝贵的数据存储单元，如程序运行中的一个状态、一个外围设备的开或关，用1个bit就可以表示，而不需要用1 B，这样就能节省存储单元了。

　　程序设计中有时会出现运算中数据类型不一致的情况，C51允许在不同数据类型之间进行运算，这些数据类型间存在着默认的转换关系，这种转换的优先级从低到高是：bit、char、int、long、float，这种转换在运算时是系统自动进行的，优先级低的数据类型会自动转换成优先级高的数据类型，然后再进行数据间的运算，最终结果自然是优先级高的数据类型。signed类型的优先级低于unsigned类型，它们之间的转换也类似于上述情况。

　　在这里还需要说明的一点是，C51除支持上述默认转换外，它和标准C语言一样，还允许通过强制类型转换的方式对数据类型进行人为的强制转换，至于何谓"强制类型转换"，请参看标准C语言的内容。

二、数据存储种类、存储器类型与存储模式

（一）数据存储种类

存储种类是指变量在程序执行过程中的作用范围。C51中变量的数据存储种类有auto（自动）、extern（外部）、static（静态）、register（寄存器）4种。这与标准C语言的用法一样，如果定义变量时缺省了数据存储种类，则系统会自动默认为auto型。仅说明一点，register定义的变量存放在CPU内部的寄存器中，处理速度快，但数目少，C51编译时能自动识别程序中使用频率最高的变量，并自动将其作为寄存器变量，用户无须专门定义。

（二）存储器类型

在51系列单片机中，数据存储器RAM和程序存储器ROM是严格区分的。程序存储器ROM只存放程序、固定参数和数据表格。数据存储器RAM作为工作区，存放用户数据。RAM又分为片内、片外两个独立的寻址空间。片内RAM能快速存取数据，但容量有限；片外RAM主要用于存放不常用的变量值、待处理的数据或准备发往另一台计算机的数据。在使用片外RAM的数据时，必须先用指令将它们全部传送到片内RAM，待数据处理完后再将结果返回到片外RAM中。特殊功能寄存器与片内RAM统一编址。

C51的数据类型以一定的存储类型定位在单片机的某一存储器区域中。存储器类型用于指明变量所处的单片机存储器区域的情况，其与存储种类完全不同，它与单片机的存储器结构相关。C51存储器类型与单片机存储空间的对应关系见表8-1所列。

表8-1　C51存储器类型与单片机存储空间的对应关系

存储器类型	对应的单片机存储空间及特点
data	直接寻址的片内RAM的低128 B（0x00～0x7F），寻址速度最快
bdata	可位寻址的片内RAM16 B（0x20～0x2F），允许位与字节的混合访问
idata	间接寻址的片内RAM的全部区域256 B（0x00～0xFF）
pdata	分页寻址的片外RAM的低256 B，P2固定（0x00～0xFF）
xdata	片外RAM的全部区域64 KB（0x0000～0xFFFF）
code	程序存储区ROM的64 KB（0x0000～0xFFFF）

由表8-1可知：

（1）当使用存储器类型data、bdata、idata定义常量和变量时，C51会将其定位在片内RAM中；

（2）当使用存储器类型pdata、xdata定义常量和变量时，C51会将其定位在片外RAM中；

（3）当使用片外RAM中的数据时，必须首先将这些数据移到片内RAM中，因此相对片外RAM而言，虽然片内RAM容量较小，但是能快速存取各种数据；片内RAM通常用于存放临时变量或者使用频率较高的变量。

带存储器变量的一般定义格式如下：

> 数据类型 存储器类型 变量名；

同时，C51也允许在变量的数据类型定义前指定存储器类型，两种定义形式相同，如：

> char data var1；//字符变量var1放在片内RAM低128 B中，等同于 data char var1；
> bit bdata var2；//位变量var2放在片内RAM可寻址区中，等同于bdata bit var2；
> int code var3；//整型变量var3放在片外ROM中，等同于code int var3；
> unsigned char xdata v[5]；//数组放在片外RAM中，等同于xdata unsigned char v[5]；

（三）存储模式

定义变量时，也允许缺省存储器类型，这时C51会按照编译时使用的存储模式来自动选择存储器类型、确定变量的存储空间。存储模式决定了无明确存储器类型说明的变量的存储器类型和参数传递区。

C51支持以下3种存储模式：small模式（小编译模式）、compact模式（紧凑编译模式）、large模式（大编译模式）。不同的存储模式对应的变量默认的存储器类型不一样，具体见表8-2所列。

表8-2 存储模式、说明及存储器类型

存储模式	说明	存储器类型
small	函数参数和变量放在直接寻址的片内RAM（最大128 B）	data
compact	函数参数和变量放在分页寻址的片外RAM（最大256 B）	pdata
large	函数参数和变量直接放在片外RAM的区域（最大64 KB）	xdata

如若有定义语句"char var;"，即在定义变量时缺省了存储器类型说明符，则编译器会自动选择默认的存储器类型，选择的存储器类型是由small、compact、large存储模式决定的。

（1）在small存储模式下，字符变量var的存储器类型为data，定位在片内RAM的低128 B中；

（2）在compact存储模式下，字符变量var的存储器类型为pdata，定位在片外RAM的低256 B中；

（3）在large存储模式下，字符变量var的存储器类型为xdata，定位在片外RAM中。

注意：一般在编写单片机程序时，常会遇到片内RAM不够用而导致编译无法通过的情况，通常的解决办法就是，精简使用的变量，或者将位于片内RAM的变量移到片外RAM中。

三、位变量及其定义

C51允许用户通过位类型符定义位变量，上面讲到位类型有两个，bit和sbit，所以可以定义两种位变量。

（1）bit用于定义一般的位变量，格式如下：

> bit 位变量名；

在格式中可以加上各种修饰，但注意存储器类型只能是bdata、data、idata。如：

> bit bdata b；　//定义b是bdata区的位变量

bit仅用于定义存放在片内RAM的位寻址区中的常量或变量，即位变量占据的空间不能超过128位，因此位变量的存储类型限制为data、bdata、idata，严格来说只能是bdata，如果将位变量的存储类型定义为其他类型，则会导致编译出错。

同时需要注意的是，位变量不能定义成一个指针，也不存在位数组。如：

```
bit*bit_p;           //出错，不能定义位指针
bit bit_array[10];   //出错，不存在位数组
```

（2）sbit用于定义在可位寻址字节或特殊功能寄存器中的位，格式如下：

```
sbit  位变量名=位地址；
```

其中，=后面的位地址可以有以下3种形式（寻址位）。

①绝对地址，其取值范围是0x00～0xFF。如：

```
sbit CY=0xD7;   //定义CY位的地址是0xD7
sbit OV=0xD2;   //定义OV位的地址是0xD2
```

②定义过的特殊功能寄存器名^寻址位对应的位号。如：

```
sfr PSW=0xD0;        //定义PSW的地址为0xD0
sbit CY=PSW^7;       //定义CY位的地址是0xD7
sbit OV=PSW^2;       //定义OV位的地址是0xD2
```

③特殊功能寄存器的字节地址^寻址位对应的位号。如：

```
sbit CY=0xD0^7;   //定义CY位为PSW7，位地址是0xD7
sbit OV=0xD0^2;   //定义OV位为PSW2，位地址是0xD2
```

这里需要说明的是，^后面的位号必须是0～7的数字。

小结：用bit定义的位变量在编译时，位地址是可以变化的。而用sbit定义的位变量必须与单片机的一个可以寻址位单元或可位寻址的字节单元中的某一位联系在一起，在编译时其对应的位地址是不可变化的。

编程中如需使用位数据类型，就可以用bit定义一个位变量，不用关心系统将它放在何处。而sbit常用来定义单片机中特殊功能寄存器中的某一位（特殊功能寄存器大多可按位操作），Keil C51库函数内的reg51.h和reg52.h头文件中也对这些特殊功能寄存器的位进行了定义，而它们一般都有对应的位名字，所以在程序中常常使用这些特殊功能寄存器的名字来引用它们，而较少使用sbit来直接定义位变量。

四、特殊功能寄存器及其定义

51系列单片机内有许多个特殊功能寄存器，可以控制定时器、计数器、I／O口等，每个特殊功能寄存器在单片机内都对应着特定的字节单元，为了方便且直接地访问它们，C51扩充了一种数据类型，专门用于访问单片机中的特殊功能寄存器数据，这种方式是标准C语言所不具有的。

C51支持sfr和sfr16两种特殊功能寄存器类型，即访问时通过使用关键字sfr或者sfr16进

行定义，定义时需指明它们所对应的地址。格式如下：

> sfr或sfr16特殊功能寄存器=地址；

其中，sfr用于定义单片机中单字节的特殊功能寄存器，sfr16用于定义单片机中双字节的特殊功能寄存器。=后必须是地址常数，不允许带有运算符的表达式，这个地址常数的值必须在特殊功能寄存器的地址范围（0x80～0xFF）内。如：

> sfr P0=0x80；　　　　//P0的地址是0x80
> sfr SCON=0x98；　　　//串行口控制寄存器SCON的地址是0x98
> sfr TMON=0x88；　　　//定时／计数器方式控制寄存器TMON的地址是0x88
> sfr16 T2=0xCC；　　　//定时／计数器2的T2L地址为0xCC，T2H地址为0xCD

可见用sfr定义特殊功能寄存器与定义char、int等类型的变量相似。

由于头文件reg51.h和reg52.h中已将MCS-51系列单片机中所有特殊功能寄存器进行了定义，因此我们在程序设计中只要引进了该头文件，那么接下来特殊功能寄存器就不用定义而直接使用了，但要注意特殊功能寄存器的名称要用大写字母表示。值得说明的是，在C51中对特殊功能寄存器的访问必须先用sfr或sfr16进行声明。

在这里还要说明的是，上述提到的扩充的位类型bit、可寻址位sbit、特殊功能寄存器sfr和sfr16都是专门用于单片机硬件和C51编译器的，并不是标准C语言的一部分，因而不能通过指针进行访问。

五、中断函数的定义及使用注意事项

C51编译器支持直接开发中断程序，中断服务程序在C51中是按规定语法格式定义的一个函数，这一点与标准C语言有着极大的不同。

（一）中断函数的定义

中断函数定义的格式为如下：

> void 函数名（void）interrupt m[using n]

需要说明以下两个参数。

（1）interrupt后面的m是中断源的编号，有5个中断源，m的取值为0～4，不允许使用表达式，中断编号决定了编译器中断程序的入口地址，执行该程序时，这个地址会传给程序计数器PC，于是CPU开始从这里一条一条地执行程序指令。中断编号对应的中断源见表8-3所列。

表8-3　中断编号与中断源的对应关系

中断编号	中断源	中断入口地址
0	外部中断0（$\overline{INT0}$）	0003H
1	定时／计数器0中断（TF0）	000BH
2	外部中断1（$\overline{INT1}$）	0013H
3	定时／计数器1中断（TF1）	00IBH
4	串行口中断	0023H

（2）using后面的n是选择的寄存器组，单片机有4组寄存器，都是R0～R7，程序具体使用哪一组寄存器由PSW中的两位RS1和RS0来确定。在中断函数定义时，可以用using指定该函数具体使用哪一组寄存器，n的取值为0～3，分别对应4组寄存器。

using n是可缺省项，一旦省略后，则由编译器自动选择一个寄存器组作为绝对寄存器组。

在许多情况下，响应中断时需保护有关现场信息，以便中断返回后，能使中断前的源程序从断点处继续正确地执行下去。在单片机中，可以很方便地利用工作寄存器组的切换来实现保护现场信息，即在进入中断服务程序前使用一组工作寄存器组，进入中断服务程序后，通过using n切换到另一组寄存器组，中断返回后又恢复到原寄存器组。这样互相切换的两组寄存器中的内容都没有被破坏，在函数体中进行中断处理。

（二）中断函数使用时的注意事项

中断函数使用时的注意事项如下。

（1）中断函数没有返回值。

（2）中断函数不能进行参数传递。

（3）在任何情况下都不能直接调用中断函数。

（4）中断函数使用浮点预算要保存浮点寄存器的状态。

（5）如果在中断函数中调用了其他函数，则被调用函数所使用的寄存器必须与中断函数相同，被调用函数最好设置为可重入的。

所谓可重入函数就是允许被递归调用的函数，用C51关键字reentrant修饰。函数的递归调用是指当一个函数正被调用尚未返回时，又直接或间接调用函数本身。一般函数无法实现递归调用，只有可重入函数才允许递归调用。可重入函数会导致系统软件结构复杂化，除在某些阶乘运算中使用外，较少使用。

（6）C51编译器对中断函数编译时会自动在程序开始和结束处加上相应的内容，即在程序开始处对ACC、B、DPH、DPL和PSW入栈，结束时出栈。若中断函数未加using n修饰符，开始时还要将R0～R1入栈，结束时出栈；若中断函数加入using n修饰符，则在开始将PSW入栈后还要修改PSW中的工作寄存器组选择位。

（7）C51编译器从绝对地址8*m+3处产生一个中断向量，其中m为中断编号，该向量包含一个到中断函数入口地址的绝对跳转。

（8）中断函数最好写在文件的尾部，并且禁止使用extern存储类型说明，防止其他程序调用。

（9）在设计中断时，要注意的是哪些功能应该放在中断程序中，哪些功能应该放在主程序中。一般来说，中断服务程序应该做最少量的工作，这样做有很多好处。第一，系统对中断的反应面更宽了，有些系统如果丢失中断或者对中断反应太慢，则将产生十分严重的后果，有充足的时间等待中断是十分重要的；第二，它可使中断服务程序的结构简单，不容易出错，中断程序中放入的东西越多，越容易引起冲突。简化中断服务程序意味着软件中将有更多的代码段，但是可以把这些都放入主程序中。中断服务程序的设计对系统的成败有至关重要的作用，还要仔细考虑各中断之间的关系和每个中断执行的时间，特别要注意那些对同一个数据进行操作的中断服务处理。

注意：C51编译器允许使用C51创建中断服务程序，大家仅需要关心中断号和寄存器组的选择就可以了，编译器自动产生中断向量和程序的入栈及出栈代码。

六、一般指针、存储器指针及其转换

Keil C51编译器支持使用"*"符号说明的指针，可以使用指针执行标准C语言中所有可执行的操作。针对单片机的特有结构，C51支持一般指针（generic pointer）和存储器指针（memory_specific pointer）两种类型。

（一）指针变量的定义

通常情况下，指针变量的定义格式如下：

> 数据类型说明符[存储器类型1]*[存储器类型2]指针变量名；

其中，数据类型说明符说明了该指针变量所指向的变量的类型。存储器类型1属于可选项，它是C51的一种扩展，如果带有此选项，则指针被定义为基于存储器的指针；若无此选项，指针被定义为一般指针。存储器类型的编码值见表8-4所列。存储器类型2也属于可选项，用于指定指针本身的存储器空间。

表8-4　存储器类型的编码值

存储器类型1	data / bdata / idata	xdata	pdata	code
编码值	0x00	0x01	0xFE	0xFF

（二）一般指针与存储器指针

1. 一般指针

一般指针的声明和使用均与标准C语言相同，而且还能说明指针的存储类型。如：

```
long*state;      //定义指向long型整数的指针，而state本身则按存储模式进行存储
char*xdata ptr;  //定义指向char数据的指针，而ptr本身存放在外部RAM区中
```

以上的long、char等指针指向的数据可存放于任何存储器中。

在内存中C51使用3B存放一般指针：第1个字节表明存储器类型的编码（在编译时由编译模式的默认值确定）；第2、3个字节表明地址偏移量，分别对应着地址偏移量的高字节和低字节。

一般指针可以访问存储空间中任意位置的变量，因此许多库程序使用这种指针，此时可以访问数据而不用考虑数据在存储器中的位置。但是一般指针产生代码的执行速度比指定存储区指针产生代码的执行速度要慢，因为对于一般指针，存储区在运行前是未知的，编译器不能优化存储区访问，而必须产生可以访问存储区的通用代码。

2. 存储器指针

C51允许规定指针指向的存储器类型，这种指针被称为存储器指针或指定存储区的指针。存储器指针在定义说明的同时便指定了存储类型。如：

```
char data*str;      //str指向data区中char型数据
int xdata*pow;      //pow指向xdata区的int型整数，而pow本身存放在默认存储区中
long code*data b;   //b指向code区的long型数据，b本身存放在data区中
```

由于存储器指针总是包含了存储器类型的指定，并总是指向一个特定的存储区，存储区类型在编译时是确定的，所以一般指针所需的存储器类型字节在指定存储区的指针中是可以省掉的，存储器指针只需要用1 B（idata、data、bdata）或2 B（xdata、code）存储就够了。也就是说，只需要存放偏移量即可。编译时，这类操作被"行内"（inline）编码，而无须进行库调用。

需要说明的是，虽然使用存储器指针的好处是节省了存储空间，因为编译器不必为存储器选择、决定正确的存储器操作指令产生代码，使代码更简洁，但必须保证指针不指向所声明的存储区以外的地方，否则就会产生错误。

注意： 如果优先考虑执行速度，则应尽可能地用存储器指针，而不用一般指针。

3. 两种指针的比较

存储器指针和一般指针的主要区别在于它们所占的存储字节不同，它们各自所占的字节数量见表8-5所列。

表8-5 存储器指针、一般指针各自所占字节数量

指针类型	存储器指针					一般指针
存储器类型	data	bdata	idata	xdata	code	generic
字节数量	1	1	1	2	2	3

表8-6给出了几个不同指针的执行差异，包括定义、指针大小、代码大小、执行时间之间的差异。

表8-6 执行存储器指针、一般指针的执行差异

描述	idata指针	xdata指针	一般指针
示例程序定义	char idata *ip; char val; val=*ip;	char xdata *sp; char val; val=*sp;	char generic *p; char val; val=*p;
指针大小	1字节数据	2字节数据	3字节数据
代码大小	4字节代码	9字节代码	11字节代码
执行时间	4个周期	7个周期	13个周期

（三）两种指针之间的转换

C51编译器可以在一般指针和存储器指针之间转换，指针转换可以用类型转换的程序代码来强迫转换，或者在编译器内部强制转换。

在有些函数的调用过程中，进行函数参数传递时需要采用一般指针，如C51的库函数、printf／、sprintf、gets等函数要求使用一般指针作为参数。当把存储器指针作为一个实参传

递给需要使用一般指针的函数时，C51编译器就会把存储器指针自动转换为一般指针。即存储器指针作为参数时，如果没有函数原型，则经常被转换为一般指针。如果被调用函数的参数为某种较短指针，则会产生程序错误。为了避免此类错误，应该采用预处理命令"include"将函数的说明文件包含到源程序中，表8-7给出了一般指针到存储器指针的转换规则。

表8-7 一般指针到存储器指针的转换规则

转换类型	转换规则
generic *→code *	适用一般指针的偏移量（2 B）
generic *→data *	—
generic *→idata *	适用一般指针的偏移量的低字节（1 B），高字节直接弃去不用
generic *→pdata *	—

表8-8给出了存储器指针到一般指针的转换规则。

表8-8 存储器指针到一般指针的转换规则

转换类型	转换规则
code *→generic *	对应code，一般指针的存储类型编码被设为0xFF，使用原code*的2 B偏移量
xdata *→generic *	对应xdata，一般指针的存储类型编码被设为0x01，使用原xdata*的2 B偏移量
data *→generic *	idata* / data*的1 B偏移量被转换为unsigned int的偏移量
idata *→generic *	对应idata / data，一般指针的存储类型编码被设为0x00
pdata *→generic *	对应pdata，一般指针的存储类型编码被设为0xFE，pdata*的1 B偏移量被转换为unsigned int的偏移量

七、绝对地址的访问

（一）使用Keil C51运行库中预定义宏

为了能对外部设备进行输入／输出的操作，Keil C51编译器提供了一组宏定义来对51系列单片机的code、data、pdata、xdata空间进行绝对寻址。同时规定只能以无符号数方式访问，定义了8个宏定义，其函数原型如下：

```
#define CBYTE （（unsigned char volatile code*） 0x50000L）
#define DBYTE （（unsigned char volatile data*） 0x40000L）
#define PBYTE （（unsigned char volatile pdata*） 0x30000L）
#define XBYTE （（unsigned char volatile xdata*） 0x10000L）
#define CWORD （（unsigned int volatile code*） 0x50000L）
#define DWORD （（unsigned int volatile data*） 0x40000L）
#define PWORD （（unsigned int volatile pdata*） 0x30000L）
#define XWORD （（unsigned int volatile xdata*） 0x20000L）
```

这些函数原型都放在 absacc.h 头文件中，使用时须用预处理命令把该头文件包含到工程中，形式为和 "#include <absacc.h>"。其中，CBYTE 以字节形式对 code 区寻址，DBYTE 以字节形式对 data 区寻址，PBYTE 以字节形式对 pdata 区寻址，XBYTE 以字节形式对 xdata 区寻址，以上 4 个宏寻址地址都是字节。CWORD 以字形式对 code 区寻址，DWORD 以字形式对 data 区寻址，PWORD 以字形式对 pdata 区寻址，XWORD 以字形式对 xdata 区寻址，以上 4 个宏寻址地址都是字。

访问形式如下：

> 宏名[地址]

其中，宏名为 CBYTE、DBYTE、PBYTE、XBYTE、CWORD、DWORD、PWORD 或 XWORD。地址为存储单元的绝对地址，一般用十六进制形式表示。

8 个宏中使用最多的是 XBYTE，XBYTE 被定义在（unsigned char volatile*）0x10000 L 中，其中的数字 1 代表外部数据存储区，偏移量是 0x0000，这样 XBYTE 就成了存放在 xdata 0 地址的指针，该地址里的数据就是指针所指向的变量地址。如 XBYTE[0x0001] 是以字节形式对片外 RAM 的 0x0001 地址单元进行访问。

注意： 在使用这些宏时，对此细节不必深究，只要在程序中引入 absacc.h 头文件，然后仿照例 8-1 就可以很简单地使用它们。

例 8-1： 使用 absacc.h 头文件中的宏定义绝对地址访问。

```
#include<absacc.h>
#include<reg51.h>
#define PortA XBYTE[0x007C]    //定义端口 PortA 地址为片外 RAM 的 0x007C
#define PortB XBYTE[0x007D]    //定义端口 PortB 地址为片外 RAM 的 0x007D
main( )
{
unsigned char i;
PortA=0x80;                    //CPU 将数据 0x80 传给端口 PortA
i=PortB;                       //CPU 从端口 PortB 输入数据，赋给 i
}
```

（二）通过指针访问

采用指针的方法，可以实现在 C51 程序中对任意指定的存储器单元进行访问。

（三）使用 C51 扩展关键字 _at_

使用 _at_ 对指定存储器空间的绝对地址进行访问，一般格式如下：

> [存储器类型]数据类型变量名_at_地址常数；

其中，存储器类型是可选项，一般为 data、bdata、idata、pdata 等 C51 能识别的存储器类型，如果缺省，则按存储模式规定的默认存储器类型确定变量的存储器区域；数据类型为 C51 支持的数据类型；地址常数用于指定变量的绝对地址，必须位于有效的存储器空间之内；使用

_at_定义的变量必须为全局变量。

例8-2：使用C51扩展关键字_at_进行绝对地址访问。

```
xdata unsigned char PortA_at_0x8000;    //定义端口 PortA 地址为片外 RAM 的 0x8000
xdata unsigned char PortB_at_0x8001;    //定义端口 PortB 地址为片外 RAM 的 0x8001
xdata unsigned char PortC_at_0x8002;    //定义端口 PortC 地址为片外 RAM 的 0x8002
```

上述定义后，就可以对端口进行读/写操作了，如：

```
unsigned char i;
i=PortA;                //读操作
PortB=i;                //写操作
```

八、C51扩展关键字

C51除遵守标准C语言的关键字之外，还扩展了一些关键字，这些扩展关键字见表8-9所列。

表8-9　C51扩展关键字

名称	含义
_at_	为变量定义存储空间绝对地址
alien	声明与PL/M51兼容的雨数
bdata	可位寻址的内部RAM
bit	声明一个位变量或者位类型的函数
code	程序存储器ROM
compact	使用外部分页RAM的存储模式
data	直接寻址的内部RAM
idata	间接寻址的内部RAM
interrupt	定义一个中断服务函数
large	使用外部RAM的存储模式
pdata	分页寻址的外部RAM
priority	RTX51的任务优先级
reentrant	定义一个可重入函数
sbit	声明一个可位寻址的特殊功能位
sfr	声明一个8位的特殊功能寄存器
sfr16	声明一个16位的特殊功能寄存器
small	内部RAM的存储模式
task	实时任务函数
using	选择工作寄存器组
xdata	外部RAM

第三节　常用的C51库函数

Keil C51不仅为用户提供了非常丰富的编辑和编译工具，还给用户提供了一些非常宝贵的库函数，这些库函数通常是以头文件的形式给出的。每个头文件中都包含有几个常用的函数，如果使用其中的函数，则可采用与标准C语言一样的处理方式，即采用预处理命令"#include"将有关的头文件包含到程序中。

使用库函数可以大大地简化用户的程序编写工作，从而提高编程效率。由于51系列单片机本身的特点，某些库函数的参数和调用格式与标准C语言有所不同，下面主要介绍这些不相同的部分。正如上面所提到的，如果在调用一个函数过程中又出现了直接或间接调用该函数本身，则这种情况我们称为函数的递归调用。并不是所有的函数都可以递归调用，在C51语言中将能进行递归调用的函数称为具有可再入属性（reentrant）的函数。

一、寄存器函数库reg51.h / reg52.h

reg51.h是一些编译软件自带的MCS-51系列单片机特殊功能寄存器（SFR）声明文件。这个头文件中对P0~P3 I／O口、中断系统等几乎内部所有特殊功能寄存器进行了声明，其文件名reg51.h中的"reg"就是英文"register"（寄存器）的缩写。

对特殊功能寄存器进行声明后，编写程序时就不需要使用难以记忆的寄存器地址来对寄存器进行操作了，每个寄存器都被声明了特定的名字，通过人类容易记忆的名称来编程，这使得编程更加方便。这个头文件将C程序中能用到的寄存器名或寄存器中某位的名称与硬件地址值做了对应，只要在程序中直接写出这些名称，集成开发环境就能识别，并最终转换成机器代码，实现对单片机各硬件资源的准确操控。

MCS-51系列单片机虽然有51和52两个系列，但都是基于51内核的，因而它们所对应的寄存器函数库头文件reg51.h和reg52.h非常近似，后者可以视为是在前者的基础上扩展的。reg51.h是对最基本的51系列单片机的SFR定义，比如I／O口、定时器、串口等相关的特殊寄存器的定义，所以reg51.h相对来说应用更广泛，因为它是对最基础的单片机的定义，兼容性较强，差不多所有的51系列单片机都可以包含它，使用时通过"#include<reg51.h>"包含进程序即可。

注意：我们熟悉的头文件AT89x52.h与reg52.h基本是一样的，只是在使用时对每个位的定义不一样。AT89x52.h文件中对P1.1的操作写成P1_1，而reg52.h文件中则写成P1^1。另外，AT89x52.h是特指ATMEL公司的52系列单片机，reg52.h指所有52系列的单片机。

（一）寄存器函数库reg51.h

下面给出reg51.h的原文及注释文件供参考。

```
/*------------------------------------
REG51.H
Header file for generic 80C51/31 microcontroller.
```

————————————————————————————————————* /

```
#ifndef_ _REG51_H_ _
#define_ _REG51_H_ _
 / *  BYTE Register  * /
sfr P =0x80；    //三态双向 I／O口 P0口
```
//即特殊功能寄存器P0地址为0x80，可位寻址，下同
//低8位地址总线/数据总线（一般不用时只做普通I／O口，注意做I／O口使用时，硬件需接
//上拉电阻）
```
sfr P1=0x90；    //准双向I／O口    P1
sfr P2=0xA0；    //准双向I／O口    P2
```
//高8位地址总线，一般也做普通I／O口用
```
sfr P3=0xB0；    //双功能
```
//1.准双向I／O口   P3；2.复用特殊功能
//P3.0   RXD串行数据接收
//P3.1   TXD串行数据发送
//P3.2外部中断0   信号申请
//P3.3外部中断1   信号申请
//P3.4定时／计数器T0   外部计数脉冲输入
//P3.5定时／计数器T1   外部计数脉冲输入
//P3.6 WR片外RAM写脉冲信号输入
//P3.7 RD片外RAM读脉冲信号输入
```
sfr PSW =0xD0；      //可以进行位寻址（C语言编程时可不考虑此寄存器）
```
//程序状态字寄存器（程序状态信息）
//PSW.7（CY）进位标志
//PSW.6（AC）辅助进位标志位，低4位向高4位进位或借位时AC=1
//主要用于十进制调整
//PSW.5（F0）用户可自定义的程序标志位
//PSW.4（RS1）
//PSW.3（RS0）
//工作寄存器选择位
//任一时刻只有一组寄存器在工作
//0 0 0区 00H～07H
//0 1 1区 08H～0fH
//1 0 2区 10H～17H
//1 1 3区 18H～1FH
//PSW.2（OV）溢出标志位
//PSW.1（）保留位，不可使用

```
//PSW.0（P）奇偶校验位
sfr ACC=0xE0;       //累加器A，特殊功能寄存器，可位寻址
sfr B=0xF0;         //寄存器B，主要用于乘除运算
sfr SP=0x81;        //堆栈指针寄存器，存放栈顶地址
sfr DPL=0x82;       //数据指针低8位
sfr DPH=0x83;       //数据指针寄存器DPTR
//对片外RAM及扩展I/O进行存取用的地址指针
sfr PCON=0x87;      //电源控制寄存器，不能位寻址
//管理单片机的电源部分，包括上电复位、掉电模式、空闲模式等
//复位时PCON被全部清0，编程一般用SMOD位，其他的一般不用
//D7   SMOD   该位与串口通信波特率有关
//SMOD=0   串口方式1、2、3波特率正常
//SMOD=1   串口方式1、2、3波特率加倍
sfr TCON=0x88;  //定时/计数器控制寄存器，可以进行位寻址
//D7   TF1   定时器1溢出标志位
//D6   TR1   定时器1运行控制位
//D5   TF0   定时器0溢出标志位
//D4   TR0   定时器0运行控制位
//D3   IE1   外部中断1请求标志
//D2   IT1   外部中断1触发方式选择位
//D1   IE0   外部中断0请求标志
//D0   IT0   外部中断0触发方式选择位
sfr TMOD=0x89;     //定时/计数器工作方式寄存器，不能位寻址
//确定工作方式和功能
//D7   GATE   门控制位
//GATE=0；定时/计数器由TRX（x=0，1）来控制
//GATE=1；定时/计数器由TRX（x=0，1）来控制
// 和外部中断引脚（int0，1）来共同控制
//D6   C/T   定时器、计数器选择位
//0   选择定时器模式
//1   选择计数器模式
//D5   M1
//D4   M0
//M1 M0   工作方式
//0   0方式0 13位定时/计数器
//0   1方式1 16位定时/计数器
//1   0方式2 8位自动重装定时/计数器
//1   1方式3 仅适用T0，分成两个8位计数器，T1停止计数
//D3   GATE   门控制位
```

```
//GATE=0；定时／计数器由TRX（x=0，1）来控制
//GATE=1；定时／计数器由TRX（x=0，1）
//和外部中断引脚（init0，1）来共同控制
//D2  C/T  定时器、计数器选择位
//0  选择定时器模式
//1  选择计数器模式
//D1  M1
//D0  M0
//M1  M0  工作方式
//0  0方式0  13位定时／计数器
//0  1方式1  16位定时／计数器
//1  0方式2  8位自动重装定时／计数器
//1  1方式3  仅适用T0，分成两个8位计数器，T1停止计数
sfr TL0 =0x8A；//定时／计数器0低8位
sfr TLl =0x8B；//定时／计数器1低8位
sfr TH0 =0x8C；//定时／计数器0高8位
sfr TH1 =0x8D；//定时／计数器1高8位


sfr IE=0xA8；  //中断允许寄存器，可以进行位寻址
//D7  EA   中断总允许位
//D6  NULL
//D5  ET2定时／计数器2中断允许位  interrupt 5
//D4  ES串行口中断允许位   interrupt 4
//D3  ET1定时／计数器1中断允许位  interrupt 3
//D2  EX1外部中断1中断允许位   interrupt 2
//D1  ET0定时／计数器0中断允许位  interrupt 1
//D0  EX0外部中断0中断允许位   interrupt 0
sfr IP =0xB8；//中断优先级寄存器，可进行位寻址
//D7  NULL
//D6  NULL
//D5  NULL
//D4  PS    串行口中断定义优先级控制位
//1    串行口中断定义为高优先级中断
//0    串行口中断定义为低优先级中断
//D3  PT1
//1    定时／计数器1中断定义为高优先级中断
//0    定时／计数器1中断定义为低优先级中断
//D2  PXl
//1    外部中断1定义为高优先级中断
```

```
//0        外部中断1定义为低优先级中断
//D1  PT0
//1        定时/计数器0中断定义为高优先级中断
//0        定时/计数器0中断定义为低优先级中断
//D0  PX0
//1        外部中断0定义为高优先级中断
//0        外部中断0定义为低优先级中断
sfr SCON=0x98;    //串行口控制寄存器，可以进行位寻址
//D7  SM0
//D6  SM1
//SM0  SM1   串行口工作方式
//0    0        同步移位寄存器方式
//0    1        10位异步收发（8位数据），波特率可变（定时器1溢出率控制）
//1    0        11位异步收发（9位数据），波特率固定
//1    1        11位异步收发（9位数据），波特率可变（定时器1溢出率控制）
//D5  SM2   多机通信控制位，主要用于工作方式2和工作方式3
//D4  REN   允许串行接收位
//D3  TB8   工作方式2、3中发送数据的第9位
//D2  RB8   工作方式2、3中接收数据的第9位
//D1  T1    发送中断标志位
//D0  R1    接收中断标志位
sfr SBUF=0x99;  //串行数据缓冲器
 /* * * * * * * * * * * * * * * * * * * * *
    下面是位寻址区
 * * * * * * * * * * * * * * * * * * * * * * * */
 / *BIT Register* /
 / *PSW */ /*程序状态字寄存器* /
sbit CY =0xD7;        //PSW.7是CY即C，来源于最近一次算术指令或逻辑指令执行时
                      //软硬件的改写
sbit AC=0xD6;         //辅助进位标志位，用于BCD码的十进制调整运算。当低4位向高4
//位借位时AC被置1；否则清0。此位也可和DA指令结合起来用
sbit F0=0xD5;         //用户使用的状态标志位
sbit RSl=0xD4;        //4组工作寄存器区选择控制位1
sbit RS0=0xD3;        //4组工作寄存器区选择控制位0
sbit OV=0xD2;         //溢出标志位，在执行算术指令时，指示运算是否产生溢出
sbit P=0xD0;          //奇偶标志位，P=1表示A中"1"的个数为奇数；P=0表示A中"1"
                      //的个数为偶数
 /*  TCON  */         /*定时/计数器控制寄存器* /
sbit TF1=0x8F;        //定时/计数器T1的溢出中断请求标志位
```

```
sbit TR1=0x8E;          //定时／计数器T1的计数运行控制位
sbit TF0=0x8D;          //定时／计数器T0的溢出中断请求标志位
sbit TR0=0x8C;          //定时／计数器T0的计数运行控制位
sbit IE1=0x8B;          //外部1的中断请求标志位
sbit IT1=0x8A;          //外部中断请求1的电平触发方式位
sbit IE0=0x89;          //外部0的中断请求标志位
sbit IT0=0x88;          //外部中断请求0的电平触发方式位


/＊ IE ＊／    /＊中断允许寄存器＊/
sbit EA=0xAF;           //中断总允许位
sbit ES=0xAC;           //串口允许中断位
sbit ET1=0xAB;          //定时／计数器T1的溢出中断位
sbit EX1=0xAA;          //外部中断1允许位
sbit ET0=0xA9;          //定时／计数器T0的溢出中断位
sbit EX0=0xA8;          //外部中断0允许位


/＊  IP  ＊／   /＊中断优先级寄存器＊/
sbit PS=0xBC;           //串口中断优先级控制位
sbit PT1=0xBB;          //定时器T1优先级控制位
sbit PX1=0xBA;          //外部中断1中断优先级控制位
sbit PT0=0xB9;          /定时器T0优先级控制位
sbit PX0=0xB8;          //外部中断0中断优先级控制位


/＊ P3 ＊／    /＊P3口的第二作用＊/
sbit RD=0xB7;           //外部数据存储器读选通
sbit WR=0xB6;           //外部数据存储器写选通
sbit T1=0xB5;           //计时器1外部输入
sbit T0=0xB4;           //计时器0外部输入
sbit INT1=0xB3;         //外部中断1
sbit INT0=0xB2;         //外部中断0
sbit TXD=0xB1;          //串行输出口
sbit RXD=0xB0;          //串行输入口


/＊ SCON ＊／  /＊串行口控制寄存器＊/
sbit SM0=0x9F;          //串行口工作方式设置
sbit SM1=0x9E;          //串行口工作方式设置
sbit SM2=0x9D;          //多机通信控制位
sbit REN=0x9C;          //允许串行接收位
sbit TB8=0x9B;          //发送的第9位数据
```

```
sbit RB8=0x9A;          //接收的第9位数据
sbit T1=0x99;           //串行口的发送中断请求标志位
sbit R1=0x98;           //串行口的接收中断请求标志位


#endif
```

（二）寄存器函数库reg52.h

头文件reg52.h与reg51.h极为相似，仅有少部分不同，下面用注释"8052 only"将不同的内容标记出来，以示区别。

```
/*————————————————————————————————
REG52.H
Header file for generic 80C52 /32 microcontroller.
Copyright（c）1988–2002 Keil Elektronik GmbH and Keil Software，Inc.
All rights reserved.
————————————————————————————————————*/

#ifndef_ _REG52_H_ _
#define_ _REG52_H_ _
/*  BYTE Registers  */
sfr P0=0x80;            //P0口特殊功能寄存器
sfr P1=0x90;            //Pl口特殊功能寄存器
sfr P2=0xA0;            //P2口特殊功能寄存器
sfr P3=0xB0;            //P3口特殊功能寄存器
sfr PSW=0xD0;           //程序状态字寄存器
sfr ACC=0xE0;           //累加器A（使用最频繁，C语言中不怎么强调）
sfr B=0xF0;             //B寄存器
sfr SP=0x81;            //堆栈指针寄存器
sfr DPL=0x82;           //数据指针低8位
sfr DPH=0x83;           //数据指针高8位
sfr PCON=0x87;          //电源控制寄存器
sfr TCON=0x88;          //定时／计数控制寄存器
sfr TMOD=0x89;          //定时／计数工作方式寄存器（不能进行位操作）
sfr TL0=0x8A;           //定时／计数器0低8位
sfr TLl=0x8B;           //定时／计数器1低8位
sfr TH0=0x8C;           //定时／计数器0高8位
sfr TH1=0xSD;           //定时／计数器1高8位
sfr IE=0xA8;            //中断允许寄存器
sfr IP=0xB8;            //中断优先级寄存器
sfr SCON=0x98;          //串行口控制寄存器
sfr SBUF=0x99;          //串行数据缓冲器
```

```
/*  8052 Extensions  */
sfr T2CON=0xC8;          //定时器2控制寄存器
sfr RCAP2L=0xCA;         //定时／计数器2捕获寄存器低8位字节
sfr RCAP2H=0xCB;         //定时／计数器2捕获寄存器高8位字节
sfr TL2=0xCC;            //定时／计数器2低8位字节
sfr TH2=0xCD;            //定时／计数器2高8位字节


 / *  BIT Registers  * /
 / *  PSW  * /
sbit CY=PSW^7;           //进位标志，运算时操作结果最高位（第7位）是否有进位或者错位
sbit AC=PSW^6;           //半进位标志，表示低字节相对高字节是否有进位或者错位
//=1时有；=0时无
sbit F0=PSW^5;           //用户标志，由用户置位或复位
sbit RSl=PSW^4;          //工作寄存器选择位（4组工作寄存器RAM，每组8 B）
sbit RS0=PSW^3;          //工作寄存器选择位
sbit OV=PSW^2;           //溢出标志位，表示算术运算时是否有溢出
//=1时有溢出；=0时无溢出
sbit P=PSW^0;            //8052 only 累加器A奇偶标志位
//=1时有奇数个1；=0时有偶数个1


 / *  TCON  * /
sbit TF1=TCON^7;     //定时器1溢出标志位，溢出时由硬件置1，并申请中断
//进入中断函数中，自动清0（使用定时器操作时，不用人为操作）
sbit TRl=TCON^6;      //定时器1运行控制位，由软件控制清0
//GATE=1且INT1为高电平，同时TR1=1时启动定时器1
//GATE=0时，只要TRl=1时就可以启动定时器1
sbit TF0=TCON^5;      //定时器1溢出标志位，溢出时由硬件置1，并申请中断
//进入中断函数中，自动清0（使用定时器操作时，不用人为操作）
sbit TR0=TCON^4;     //定时器0运行控制位由软件控制清0
//GATE=1且INT0为高电平，同时TR0=1时启动定时器0
//GATE=0时，只要TR0=1时就可以启动定时器0
sbit IEl=TCON^3;     //外部中断1请求标志
sbit ITl=TCON^2;     //外部中断触发方式选择位
//=0时，电平触发方式，INT1引脚上低电平有效
//=1时，下降沿触发有效，INT1由高变低时有效
sbit IE0=TCON^1;     //外部中断0请求标志
sbit IT0=TCON^0;     //外部中断触发方式选择位
//=0时，电平触发方式，INT0上低电平有效
```

//=1时，下降沿触发有效，INT0由高变低时有效

```
/*   IE   */
sbit EA=IE^7;       //中断总允许位
sbit ET2=IE^5;      //8052 only定时／计数器2中断允许位
sbit ES=IE^4;       //串口中断允许位
sbit ET1E=IE^3;     //定时／计数器1中断允许位
sbit EX1=IE^2;      //外部中断1（INT1）允许位
sbit ET0=IE^1;      //定时／计数器0中断允许位
sbit EX0=IE^0;      //外部中断0（INT0）允许位


/*   IP   */
sbit PT2=IP^5;      //定时／计数器2中断优先级控制位
sbit PS=IP^4;       //串口中断优先级控制位
sbit PT1=IP^3;      //定时／计数器1中断优先级控制位
sbit PX1=IP^2;      //外部中断1中断优先级控制位
sbit PT0=IP^1;      //定时／计数器0中断优先级控制位
sbit PX0=IP^0;      //外部中断0中断优先级控制位


/*   P3   */
sbit RD=P3^7;       //RD（外部数据存储器读选通控制输出）
sbit WR=P3^6;       //WR（外部数据存储器写选通控制输出）
sbit T1=P3^5;       //T1（T1定时／计数器1外部输入）
sbit T0=P3^4;       //T0（T0定时／计数器1外部输入）
sbit INT1=P3^3;     //外部中断1输入
sbit INT0=P3^2;     //外部中断0输入
sbit TXD=P3^1;      //串行口输入
sbit RXD=P3^0;      //串行口输出

/*   SCON   */
sbit SM0=SCON^7;
sbit SM1=SCON^6;
sbit SM2=SCON^5;
sbit REN=SCON^4;
sbit TB8=SCON^3;
sbit RB8=SCON^2;
sbit T1 =SCON^1;
sbit R1=SCON^0;
```

```
/*  P1  */
sbit T2EX =P1^1;          //8052 only
sbit T2=P1^0;             //8052 only

/*  T2CON  */
sbit TF2=T2CON^7;
sbit EXF2=T2CON^6;
sbit RCLK=T2CON^5;
sbit TCLK=T2CON^4;
sbit EXEN2=T2CON^3;
sbit TR2=T2 CON^2;
sbit C_T2=T2CON^1;
sbit CP_RL2=T2 CON^0;
#endif
```

二、字符函数库ctype.h

字符函数库ctype.h具体情况见表8-10所列，它用于字符判断转换。

表8-10 字符函数库ctype.h中的函数及功能

函数原型	再入属性	功能
bit isalpna(unsigned char)	reentrant	检查参数字符是否为英文字母,是则返回1;否则返回0
bit isalnum(char c)	reentrant	检查参数字符是否为英文字母或数字字符,是则返回1;否则返回0
bit iscntrl (unsigned char)	reentrant	检查参数字符是否在0x00~0x7F之间,或者等于0x7F,是则返回1;否则返回0
bit isdigit(unsigned char)	reentrant	检查参数字符是否为数字字符,是则返回1;否则返回0
bit isgraph(unsigned char)	reentrant	检查参数字符是否为可打印字符,可打印字符的ASCII值为0x21~0x7E,是则返回1;否则返回0
bit isprint(char c)	reentrant	除与isgraph相同之外,还接收空格符(0x20)
bit ispunct(char c)	reentrant	检查参数字符是否为标点、空格或格式字符,是则返回1;否则返回0
bit islower(char c)	reentrant	检查参数字符是否为小写英文字母,是则返回1;否则返回0
bit isupper(char c)	reentrant	检查参数字符是否为大写英文字母,是则返回1;否则返回0
bit isspace(char c)	reentrant	检查参数字符是否为空格、制表符、回车、换行、垂直制表符或换页符,是则返回1;否则返回0
bit isxdigit(char c)	reentrant	检查参数字符是否为十六进制数字字符,是则返回1;否则返回0
bit toint(char c)	reentrant	将ASCII字符的0~9、A~F转换为十六进制数,返回值为0~F
bit tolower(char c)	reentrant	将大写字母转换成小写字母,如果不是大写字母,则不做转换直接返回相应的内容
char_tolower(char c)	reentrant	将字符参数c与常数0x20逐位相或,从而将大写字符转换成小写字符
bit toupper(char c)	reentrant	将小写字母转换成大写字母,如果不是小写字母则不做转换直接返回相应的内容
char_toupper(char c)	reentrant	将字符参数c与常数0xDF逐位相与,从而将小写字符转换成大写字符
char toascii(char c)	reentrant	将任何字符参数值缩小到有效的ASCII范围内,即将c与0x7F相与,去掉第7位以上的位

三、输入／输出函数库 stdio.h

输入／输出函数库的原型声明在头文件stdio.h中定义，通过单片机的串行口工作。如果希望支持其他I／O接口，只需要改动_getkey和putchar函数。库中所有其他的I／O支持函数都依赖于这两个函数模块。在使用8051系列单片机的串行口之前，应先对其进行初始化。例如，2400波特率（12 MHz时钟频率）初始化串行口的语句如下：

```
SCON=0x52;    //SCON 置初值
TMOD=0x20;    //TMOD 置初值
TH1=0xF3;     //T1 置初值
TR1=1;        //启动 T1
```

输入／输出函数库stdio.h中的函数及功能见表8-11所列。

表8-11　输入／输出函数库stdio.h中的函数及功能

函数原型	再入属性	功能
char _getkey(void)	reentrant	等待从串行口读入一个字符并返回读入的字符，这个函数是在改变整个输入端口机制时应做修改的唯一函数
char getchar(void)	reentrant	与_getkey 函数类似，使用_getkey 从串口读入字符，并将读入的字符马上传给 putchar 函数输出
char putchar(char c)	reentrant	通过串行口输出字符，与_getkey 一样，这是改变整个输出机制所需要修改的唯一函数
char *gets(char *string, int len)	reentrant	从串口读入一个长度为 len 的字符串，存入 string 指定的位置。输入以换行符结束。输入成功则返回 string 参数指针；失败则返回 NULL
char ungetchar(char c)	reentrant	将输入的字符送到输入缓冲区并将其值返回给调用者，下次使用 gets 或 getchar 时可得到该字符，但不能返回多个字符
int printf(const char *fmtstr[,argument]...)	non-reentrant	以第一个参数指向字符串制定的格式通过串行口输出数值和字符串，返回值为实际输出的字符数
int sprintf(char *buffer, const char *fmtstr[,argument]...)	non-reentrant	与 printf 的功能类似，但数据不是输出到串口，而是通过一个指针 buffer 送入可寻址的内存缓冲区中并以 ASCII 形式存放
char puts(const char *string)	reentrant	将字符串和换行符写入串行口，成功则返回一个非负数，错误则返回 EOF
int scanf(const char fmtstr[,argument]...)	non-reentrant	以一定的格式通过 MCS-51 系列单片机的串口读入数值或字符串，存入指定的存储单元。注意：每个参数都必须是指针类型。成功则返回输入的项数，错误则返回 EOF
int sscanf(char *buffer, const char *fmtstr[,argument]...)	non-reentrant	与 scanf 的功能类似，但字符串的输入不是通过串口，而是通过另一个以空格结束的指针
void vprintf(const char *s,char *fmstr,char *argptr)	non-reentrant	将格式化字符串和数据值输出到由指针 s 指向的内存缓冲区内，类似于 sprintf，但接收一个指向变量表的指针，而不是变量表。返回值为实际写入输出字符串中的字符数

四、标准函数库 stdlib.h

标准函数库 stdlib.h 中的函数及功能见表8-12所列，利用该函数库可以完成数据类型转换以及存储器分配操作。

表8-12　标准函数库 stdlib.h 中的函数及功能

函数原型	再入函数	功能
float atof(void *string)	non-reentrant	将字符串 string 转换成浮点型数值并返回。输入串中必须包含与浮点型数值规定相符的数。该函数在遇到第一个不能构成数字的字符时,停止对输入字符串的读操作
long atol(void *string)	non-reentrant	将字符串 string 转换成长整型数值并返回。输入串中必须包含与长整型数格式相符的字符串。该函数在遇到第一个不能构成数字的字符时,停止对输入字符串的读操作
int atoi(void *string)	non-reentrant	将字符串 string 转换成整型数值并返回。输入串中必须包含与整型数格式相符的字符串。该两数在遇到第一个不能构成数字的字符时,停止对输入字符串的读操作
void *calloc(unsigned int n,unsigned int size)	non-reentrant	为 n 个元素的数组分配内存空间,数组中每个元素的大小为 size,所分配的内存区域用0初始化。返回值为已分配的内存单元的起始地址,如不成功则返回0
void *malloc(unsigned int size)	non-reentrant	在内存中分配一个 size 字节大小的存储器空间,返回值为一个 size 大小对象所分配的内存指针,如果无内存空间可用,则返回 NULL。所分配的内存区域不进行初始化
void *realloc(void xdata *p, unsigned int size)	non-reentrant	用于调整先前分配的存储器区域大小,参数 p 指示该存储区域的起始地址,参数 size 表示新分配存储器区域的大小。原存储器区域的内容被复制到新存储器区域中。如果新区域较大,则多出的区域将不做初始化。该函数返回指向新存储区的指针,如果无足够大的内存可用,则返回 NULL
void free(void xdata *p)	non-reentrant	释放指针 p 所指向的存储器区域。如果 p 为 NULL 则该函数无效。p 必须是以前用 calloc、malloc 或 rcalloc 函数分配的存储器区域。调用 free 函数后,被释放的存储器区域就可以参加以后的分配了
void init_mempool(void xdata *p,unsigned int size)	non-reentrant	对被 calloc、malloc 或 realloc 函数分配的存储器区域进行初始化。指针 p 指向存储器区域的首地址 size 表示存储区域的大小
int rand()	non-reentrant	返回一个 0～32 767 的伪随机数,对 rand 的相继调用将产生相同序列的随机数
void srand(int n)	non-reentrant	用来将随机数发生器初始化成一个已知(或期望)值
unsigned long strtod (const char ws,char **ptr)	non-reentrant	将字符串 s 转换为一个浮点型数据并返回,字符串前面的空格、√、tab 符被忽略
long strtol (const char *s, char **ptr, unsigned char base)	non-reentrant	将字符串 s 转换为一个 long 型数据并返回,字符串前面的空格、√、tab 符被忽略
long strtoul (const char *s, char **ptr,unsigned char base)	non-reentrant	将字符串 s 转换为一个 unsigned long 型数据并返回,超出时则返回 ULONG_MAX。字符串前面的空格、√、tab 符被忽略

五、数学函数库 math.h

数学函数库math.h中的函数及功能见表8-13所列。

表8-13　数学函数库math.h中的函数及功能

函数原型	再入属性	功能	
int abs(int val) char abs(char val) float fabs(float val) long labs(long val)	reentrant	abs 计算并返回val的绝对值。若val为正,返回原值;若为负,返回相反数。 其余3个函数除变量和返回值类型不同之外,其他功能完全相同	
float exp(float x)	non-reentrant	计算并返回浮点数x的指数函数	
float log(float x)	non-reentrant	计算并返回浮点数x的自然对数(以e为底,e=2.718282)	
float log10(float x)	non-reentrant	计算并返回浮点数x以10为底的对数	
float sqrt(float x)	non-reentrant	计算并返回x的正平方根	
float cos(float x)	non-reentrant	计算并返回x余弦值	变量范围为-π/2～+π/2,值为-65 535～+65 535,否则产生 NaN 错误
float sin(float x)	non-reentrant	计算并返回x正弦值	
float tan(float x)	non-reentrant	计算并返回x正切值	
float acos(float x)	non-reentrant	计算并返回x的反余值	
float asin(float x)	non-reentrant	计算并返回x的反正弦值	
float atan(float x)	non-reentrant	计算并返回x的反正切值,值域为-π/2～+π/2	
float atan2(float y,float x)	non-reentrant	计算并返回y/x的反正切值,值域为-π～+π	
float cosh(float x)	non-reentrant	计算并返回x的双曲余弦值	
float sinh(float x)	non-reentrant	计算并返回x的双曲正值	
float tanh(float x)	non-reentrant	计算并返回x的双曲正切值	
float ceil(float x)	non-reentrant	计算并返回一个不小于x的最小整数(作为浮点数)	
float floor(float x)	non-reentrant	计算并返回一个不大于x的最小整数(作为浮点数)	
float modf (float x, float *ip)	non-reentrant	将浮点数x分成整数和小数部分,两者都含有与x相同的符号,整数部分放入*ip,小数部分作为返回值	
float pow(float x,float y)	non-reentrant	计算并返回x^y值,如果x不等于0而y=0,则返回1。当x=0且y<=0或者当x<0且y不是整数时,则返回NaN错误	

六、内部函数库 intrins.h

内部函数库intrins.h中的函数及功能见表8-14所列。此头文件中的函数是指编译时直接将固定的代码插入当前行,而不是用汇编语言中的"ACALL"和"LCALL"指令来实现调用,从而大大提高了函数的访问效率。该库函数有9个,数量少但非常有用。

表8-14　内部函数库intrins.h中的函数及功能

函数原型	再入属性	功能
unsigned char _crol_（unsigned char var, unsigned char n）	reentrant	将变量var循环左移n位，它们与MCS-51系列单片机的"<<"指令相关，这3个函数的不同之处在于变量的类型与返回值的类型不一样
unsigned int _irol_（unsigned int var, unsigned char n）	—	—
unsigned long _irol_（unsigned long var, unsigned char n）	—	—
unsigned char _cror_（unsigned char var, unsigned char n）	reentrant	将变量var循环右移n位，它们与MCS-51系列单片机的">>"指令相关，这3个函数的不同之处在于变量的类型与返回值的类型不一样
unsigned int _iror_（unsigned int var, unsigned char n）	—	—
unsigned long _iror_（unsigned long var, unsigned char n）	—	—
void _nop_（void）	reentrant	产生一个MCS-51系列单片机的nop指令（时间和主频有关，常用作短延时）
bit _testbit_（bit b）	reentrant	对字节中的一位进行测试。如果为1，则返回1，如果为0，则返回0。该函数只能对可寻址位进行测试
unsigned char _chkfloat_（float ual）	reentrant	测试并返回浮点数状态

六、字符串函数库 string.h

字符串函数库string.h中的函数及功能见表8-15所列。

表8-15　字符串函数库string.h中的函数及功能

函数原型	再入属性	功能
void *memchr（void *buf, char val, int len）	reentrant	顺序搜索字符串buf的前len个字符以找出字符val。成功则返回buf中指向val的指针，失败则返回NULL
char memcmp（void *sl, void *s2, int len）	reentrant	逐个字符比较字符串s1和s2的前len个字符。若相同，则返回0；若s1大于s2，则返回一个正数；若s1小于s2，则返回一个负数
void *memcpy（void *dest, void *src, int len）	reentrant	从src所指向的存储器单元复制len个字符到dest中，返回指向dest中最后一个字符的指针
void *memccpy（void *dest, void *src, char val, int len）	non-reentrant	复制字符串src的前len个元素到字符串dest中。如果实际复制了len个字符，则返回NULL。复制过程在复制完字符val后停止，此时返回指向dest中下一个元素的指针
void *memmove（void *dest, void * src, int len）	reentrant	工作方式与memcpy相同，只是复制的区域可以交叠

函数原型	再入属性	功能
void *memset（void *buf,char val, int len）	reentrant	用字符val来填充指针buf中len个字符
char *strcat（char *s1,char *s2）	non-reentrant	将s2连接到s1的尾部。该函数假定s1所定义的地址区域足以接收两个串。返回指向s1中的第一个字符的指针
char *strncat(char *s1,char *s2, int len）	non-reentrant	将s2中前len个字符连接到s1的尾部。如果s2比len短,则只复制s2(包括串结束符)
char strcmp(char *s1,char *s2)	reentrant	比较字符s1和s2。若相同,则返回0;若s1大于s2,则返回一个正数;若s1小于s2,则返回一个负数
char strncmp（char *s1,char *s2,int len）	reentrant	比较s1和s2的前len个字符。返回值与strcmp相同
char *strcpy（char *s1,char *s2）	reentrant	将s2(包括结束符)复制到s1中,返回指向s1中第一个字符的指针
char *strncpy（char *s1,char *s2,int len）	reentrant	与strcpy相似,但仅复制前len个字符。若s2的长度小于len,则s1串以0补齐到长度len
int strlen(char *src)	reentrant	返回串src的长度,直到空结束字符,但不包括空结束字符
char *strstr(const char *s1,char *s2)	reentrant	搜索s2第一次出现在s1中的位置,并返回一个指向第一次出现位置开始处的指针。如果s1中不包括s2,则返回一个空指针
char *strchr(char *string,char c)	reentrant	在string中搜索第一次出现的字符c,如果找到,则返回指向该字符的指针;若失败,则返回NULL。被搜索的可以是串结束符,此时返回值是指向串结束符的指针
int strops（char *string,char c）	reentrant	与strchr相似,但返回的是字符c在串中第一次出现的位置值,没有找到则返回−1。string中首字符的位置值是0
char *strrchr（char *string,char c）	reentrant	与strchr相似,但搜索的是最后一次出现字符c的位置
int strropsr(char *string,char c)	reentrant	与strops相似,但返回的是字符c在串中最后一次出现的位置值,没有找到则返回−1
int strspn(char *string,char set）	reentrant	搜索string中第一个不包括在set中的字符,返回值是string中包括在set里的字符个数。如果string中的所有字符都包括在set里面,则返回string的长度(不包括结束符)。如果set是空串,则返回0
int strespn（char *string,char *set）	reentrant	与strspn相似,但它搜索的是string中的第一个包含在set里的字符
char *strpbrk（char *string,char *set）	reentrant	与strspn相似,但返回指向搜索到的字符是指针,而不是个数;如果未找到,则返回NULL
char *strrpbrk(char *string,char *set）	reentrant	与strpbrk相似,但它返回string中指向找到的是set字符集中最后一个字符的指针

七、绝对地址访问函数库absacc.h

绝对地址访问函数库absacc.h中的函数及功能见表8-16所列。8个宏中使用最多的是XBYTE，XBYTE被定义在（unsigned char volatile）0x10000L中，其中数字1代表外部数据存储区，偏移量是0x0000，这样XBYTE就成了存放在xdata 0地址的指针，该地址里的数据就是指针所指向的变量地址。当访问外围设备端口使用XBYTE端口地址时，相当于将该端口地址放在xdata 0x0000单元，也就是该指针指向了该端口地址。

表8-16　绝对地址访问函数库absacc.h中的函数及功能

函数原型	再入属性	功能
#define CBYTE （（unsigned char volatile code * ） 0x50000L）	reentrant	CBYTE以字节形式对code区寻址
#define DBYTE （（unsigned char volatile data *)0x40000L）	reentrant	DBYTE以字节形式对data区寻址
#define PBYTE （（unsigned char volatile pdata * ） 0x30000L）	reentrant	PBYTE以字节形式对pdata区寻址
#define XBYTE （（unsigned char volatile xdata * ） 0x10000L）	reentrant	XBYTE以字节形式对xdata区寻址（以上4个宏寻址地址都是字节）
#define CWORD （（unsigned int volatile code *)0x50000L）	reentrant	CWORD以字形式对code区寻址
#define DWORD （（unsigned int volatile data *)0x40000L）	reentrant	DWORD以字形式对code区寻址
# define PWORD （（unsigned int volatile pdata*)0x30000L）	reentrant	PWORD以字形式对data区寻址
# define XWORD （（unsigned int volatile xdata *)0x20000L）	reentrant	XWORD以字形式对pdata区寻址（以上4个宏寻址地址都是字）

参 考 文 献

[1] 董雪. 合作学习策略在中职《单片机原理与应用》课程中的应用研究[D]. 桂林：广西师范大学，2020.

[2] 傅玉青. 单片机原理与应用新工科示范课程教学改革研究[J]. 科教文汇（下旬刊），2021，（30）：101-103.

[3] 何梓良，乔印虎，张新伟，等.《单片机原理与应用》线上教学实践与思考[J]. 电脑知识与技术，2021，17（21）：180-181.

[4] 李晓林，苏淑靖、许鸥，等. 单片机原理与接口技术[M]. 3版. 北京：电子工业大学出版社，2015.

[5] 陆飞，黄昊晶，史振江，等. 单片机原理与应用课程的教学分析[J]. 集成电路应用，2023，40（08）：222-223.

[6] 宋海燕，李华光，陈玉杰，等. 多元融合的单片机原理与应用课程教学模式探究[J]. 电子质量，2024，（03）：117-120.

[7] 宋雪. 中等职业学校《单片机原理与应用》课程教学案例设计[D]. 长春师范大学，2020.

[8] 王斯琦. 基于OBE教育理念的中职《单片机原理与应用》课程的教学案例设计[D]. 天津职业技术师范大学，2022.

[9] 王卫星，邓小玲. 单片机原理与开发技术[M]. 北京：中国水利水电出版社，2019.

[10] 王仲夏，吕国芳，陶彬彬. 单片机原理与应用课程教学改革探讨[J]. 教育信息化论坛，2021，（03）：81-82.

[11] 卫芃毅，乔凌霄，林异凤，等. 单片机原理与应用课程教学改革与课程思政探讨[J]. 电子质量，2023，（09）：85-88.

[12] 徐爱钧. STC15单片机C语言编程与应用[M]. 北京：电子工业出版社，2016.

[13] 禹定臣，李白燕. 单片机原理及应用案例教程[M]. 北京：电子工业出版社，2017.

[14] 张良智，张吉卫，刘美丽. 单片机原理与应用[M]. 北京：中国铁道出版社，2022.

[15] 张毅刚，赵光权，张京超. 单片机原理及应用：C51编程+Proteus仿真[M]. 2版. 北京：高等教育出版社，2016.

[16] 周伟. 单片微机原理及应用[M]. 重庆：重庆大学出版社，2018.